自治会PTAの書類のつくり方

Word　Excel 対応版

ああしたい！こうしたい！

目次 CONTENTS

本書の作例 …………………………………………………………… 6
本書の使い方 ………………………………………………………… 28
CD-ROMの使い方 …………………………………………………… 30
基本操作を覚えておこう　Officeの基本と図形操作 ……………… 34
書類の基本を押さえよう　わかりやすい書類作成のポイント …… 44

Part 1　作例のつくり方　49

Chapter 01　ゴミ集積所変更のお知らせ …………………………… 50
① 文字サイズなどを変更する ……………………………………… 51
② 右揃え、中央揃えにする ………………………………………… 52
③ 箇条書きを使って見やすくする ………………………………… 54
ああしたい！こうしたい！　文字に色やスタイルを設定して目立たせたい … 56
　　　　　　　　　　　　文字の間隔や行の間隔を変更したい … 59
　　　　　　　　　　　　行の開始位置や終了位置を変更したい … 61
　　　　　　　　　　　　オリジナルの行頭文字を設定したい … 62

Chapter 02　総会のお知らせ ………………………………………… 64
① 切り取り線を挿入する …………………………………………… 65
② テキストボックスを挿入する …………………………………… 67
③ 記号を挿入する …………………………………………………… 69
ああしたい！こうしたい！　図形を使わずに切り取り線をつくりたい … 70
　　　　　　　　　　　　捺印マークのように文字を囲みたい … 71
　　　　　　　　　　　　行内の文字位置を指定したい … 72

Chapter 03　回覧板 …………………………………………………… 74
① 表を作成する ……………………………………………………… 75
② 表の体裁を整える ………………………………………………… 76
③ 表のスタイルを設定する ………………………………………… 78
ああしたい！こうしたい！　書類番号を追加したい … 79
　　　　　　　　　　　　発行日や発行者を追加したい … 80
　　　　　　　　　　　　透かし文字を追加したい … 82

Chapter 04　交通安全のお知らせ …………………………………… 84
① 直線で道路を描く ………………………………………………… 85
② 建物を描く ………………………………………………………… 87
③ 建物や道路に文字を入力する …………………………………… 88

| ああしたい！こうしたい！ | 曲線で線路を描きたい | 90 |
| | 作成済みの図形を変更したい | 93 |

Chapter 05　一斉清掃のチラシ　94
1. オンライン画像を挿入する　95
2. 画像を配置して大きさを調整する　97
3. 画像の不要な部分を削除する　99

| ああしたい！こうしたい！ | 写真を使いたい | 100 |
| | 目立つ文字を使いたい | 104 |

Chapter 06　自治会加入規約　106
1. スタイルを作成する　107
2. スタイルを変更する　109
3. 見開きページの設定をする　110

| ああしたい！こうしたい！ | 袋とじにして冊子にしたい | 112 |

Chapter 07　役員名札　114
1. データを準備する　115
2. 差し込み印刷でラベルをデザインする　117
3. データを差し込んで印刷する　119

| ああしたい！こうしたい！ | 変更した書式をすべてのラベルに反映させたい | 120 |
| | 選択したデータだけ印刷したい | 121 |

Chapter 08　役員名簿　122
1. 列幅を調整する　123
2. 連続データを作成する　125
3. 罫線を設定する　126

| ああしたい！こうしたい！ | 表をテーブルにしたい | 128 |
| | 名簿の一部を隠したい | 131 |

Chapter 09　会計報告書　132
1. 計算式を入力する　133
2. 合計を計算する　135

ああしたい！こうしたい！	表を見やすくしたい	136
	報告書を活用したい	138
	表をWordで利用したい	139

Chapter 10　年間行事予定表　140
1. 土日のセルに色を付ける　141
2. 存在しない日付を非表示にする　144
3. 期間を表す矢印を追加する　146

	ああしたい！ こうしたい！ 祝祭日に色を付けたい	148
	予定表を配布したい	150

Chapter 11 自治会組織図 ... 152

1. SmartArtを作成する ... 153
2. 文字を入力する ... 157
3. SmartArtのデザインを変更する ... 158

ああしたい！ こうしたい！ 画像や図形を追加したい ... 160

Part 2 書類作成に便利なテクニック   163

- **Q01** 1行の文字数や1ページの行数を設定したい ... 164
- **Q02** 段組みを設定したい ... 165
- **Q03** 原稿用紙のマス目を設定したい ... 166
- **Q04** ページ罫線を設定したい ... 166
- **Q05** 統一感のあるデザインにしたい ... 167
- **Q06** テーマの色を設定したい ... 167
- **Q07** オリジナルのテーマを作成したい ... 168
- **Q08** まとめてコピーしたい ... 169
- **Q09** べき乗や化学式の数字を入力したい ... 170
- **Q10** ふりがなを表示したい ... 170
- **Q11** ひらがなをカタカナに変換したい ... 171
- **Q12** 文字を置換したい ... 171
- **Q13** 書式をまとめて変更したい ... 172
- **Q14** あいさつ文と結び言葉を挿入したい ... 173
- **Q15** 書式付きのテキストボックスを挿入したい ... 174
- **Q16** ドロップキャップを設定したい ... 174
- **Q17** 書式付きの表を挿入したい ... 175
- **Q18** Excelの機能が使える表を挿入したい ... 176
- **Q19** グリッドを表示して図形をきれいに並べたい ... 177
- **Q20** 図形を拡大／縮小したい ... 178
- **Q21** 図形にグラデーションを設定したい ... 179
- **Q22** 1行上のデータをコピーしたい ... 180
- **Q23** 入力済みのデータをリストから選択したい ... 180
- **Q24** 新しいシートを追加／不要なシートを削除したい ... 181
- **Q25** シートに名前を付けたい ... 182

Q26	シート見出しに色を付けたい	182
Q27	長い文章を下のセルに割り付けたい	183
Q28	規則性のあるデータをかんたんに入力したい	183
Q29	表のデータを元にグラフを作成したい	184
Q30	セルの中にグラフを作成したい	185
Q31	優先順位を付けてデータを並べ替えたい	186
Q32	複雑な条件でデータを抽出したい	187
Q33	重複したデータを非表示にしたい	188
Q34	重複したデータだけを削除したい	188
Q35	画面の写真を貼り付けたい	189

索引 …… 190

●免責

本書に記載された内容は、情報の提供のみを目的としております。したがって、本書を用いた運用は、必ずお客様自身の責任と判断によって行ってください。これらの情報の運用の結果、いかなる障害が発生しても、（株）技術評論社および著者はいかなる責任も負いません。

本書記載の情報は、2016年12月現在のものを掲載しております。ご利用時には、変更されている可能性があります。また、アプリに関する記述は、特に断りのない限り、2016年12月現在での最新バージョンをもとにしております。アプリはバージョンアップされる場合があり、本書での説明とは機能内容や画面図などが異なってしまうこともあり得ます。本書ご購入の前に、必ずバージョン番号をご確認ください。アプリのバージョンが異なることを理由とする、本書の返本および返金には応じられませんので、あらかじめご了承ください。

以上の注意事項をご承諾いただいたうえで、本書をご利用願います。これらの注意事項に関わる理由に基づく、返金、返本を含む、あらゆる対処を、（株）技術評論社および著者は行いません。あらかじめご承知おきください。

●動作環境

本書の解説は、Microsoft Office Professional 2016を対象にしています。ただし、お使いのパソコン特有の環境によっては、同バージョンのOfficeを利用していた場合でも、本書の動作が行えない可能性があります。本書の動作は、一般的なパソコンの動作環境において、正しく動作することを確認しております。
動作環境に関する上記の内容を理由とした返本、返金には応じられませんので、あらかじめご注意ください。

●商標

Microsoft、Windowsは米国およびその他の国における米国Microsoft Corporationの登録商標です。
そのほかの本文中に記載されている製品名・サービス名などは、一般に各開発メーカーおよびサービス提供元の商標または登録商標です。なお、本文中ではTM、®は明記しておりません。

完成例 01 基本のシンプルなお知らせ
ゴミ集積所変更のお知らせ

ファイル名 01ゴミ集積所変更のお知らせA_完成.docx　つくり方▶ 50ページ

文字や単純な記号だけで構成したシンプルなお知らせです。文字サイズなどを変更して読みやすくしています。タイトルや箇条書き部分を調整すれば、手軽にお知らせを書き換えることができます。

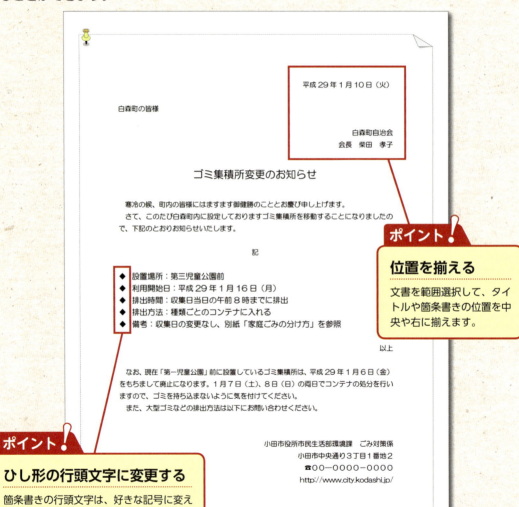

ポイント！ 位置を揃える
文書を範囲選択して、タイトルや箇条書きの位置を中央や右に揃えます。

ポイント！ ひし形の行頭文字に変更する
箇条書きの行頭文字は、好きな記号に変えることができます。

本書の作例

応用例 　ファイル名 01ゴミ集積所変更のお知らせB_完成.docx

オリジナルの記号の箇条書き
ゴミ集積所変更のお知らせ

箇条書きの行頭文字に文書の内容に沿った記号を使用し、色やサイズを変更して目立たせています。

ポイント！
ゴミ箱の行頭文字をつくる

箇条書きの行頭文字を［記号と特殊文字］から選択し、サイズや色を変更するとオリジナルの記号を作成できます。

参照 ▶ 62ページ

応用例 　ファイル名 0101粗大ごみの出し方.docx

文字の開始位置を揃える
粗大ごみの出し方

インデントを設定し、文書にメリハリをつけて見やすくしています。

ポイント！
文章の最初と最後の位置を変える

購入場所の説明文章の左と右にインデントを設定し、本文と差別化しています。

参照 ▶ 61ページ

完成例 02

提出用紙付きのお知らせ

総会のお知らせ

ファイル名　02総会のお知らせA_完成.docx　つくり方 ▶

用紙1枚にお知らせ文書と委任状を作成し、切り取って提出できるようにしています。直線とテキストボックスを使って作成した切り取り線は、申込書などを作成する場合にも利用できます。

平成29年3月吉日

桜桃町自治会　会員各位

桜桃町自治会
会長　斉藤　純

平成29年度桜桃町自治会総会の開催について

早春の候、皆様にはますますご健勝のこととお慶び申し上げます。
平素は、自治会の運営にご理解とご協力を賜り厚く御礼申し上げます。
つきましては、下記のとおり開催いたしますので、ご多忙のところ大変恐縮ではございますが、万障お繰り合わせの上、ご出席くださいますようお願い申し上げます。
なお、総会を欠席される場合は、総会前日までに新班長に委任状をご提出ください。

記

1. 日時：平成29年4月7日（金）19時～20時30分
2. 場所：桜桃町公民館
3. 議題：①平成28年度事業報告、決算報告、監査報告
　　　　②平成29年度事業計画（案）
　　　　③平成29年度予算（案）
　　　　④今後の活動方針

以上

✂ 切り取り ✂

委任状

平成29年　　月　　日

～総会における議決について、その一切の権限を議長に委任します。

氏名　　　　　　　　　㊞

ポイント！

図形で切り取り線を描く

直線を作成して線の種類を変更し、切り取り線を作成します。

ポイント！

図形の上に文字を入力する

テキストボックスを作成すると図形に重ねるように文字を入力できます。テキストボックスの周りの線は「なし」にします。

本書の作例

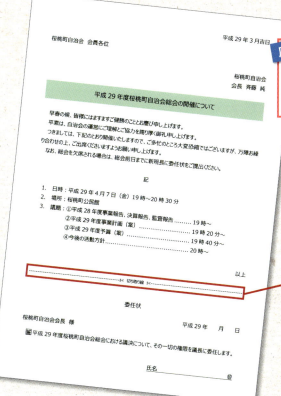

応用例
図形を使わない切り取り線

総会のお知らせ

ファイル名 02総会のお知らせB_完成.docx

図形を使用せずに、「－」を入力して切り取り線を作成します。

ポイント！
図形を使わずに切り取り線をつくる

キーボードから「－」を連続して入力し、切り取り線にします。「切り取り」の文字はテキストボックスを使用せずに「－」に続けて入力します。

参照 ▶ 70ページ

応用例
途中にある文字の開始位置を揃える

子ども会のお知らせ

ファイル名 0201子ども会のお知らせ.docx

文字と文字の間にタブを挿入し、行の途中にある開始時刻の先頭位置を揃えています。

ポイント！
文字の開始位置を揃える

タブを挿入してから、タブ位置とタブの種類を変更します。複数行のタブ位置や種類を一度に設定できます。

参照 ▶ 72ページ

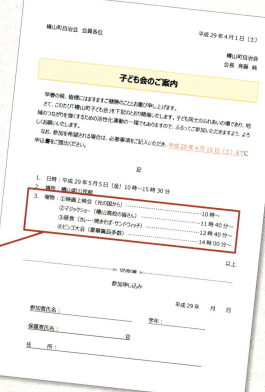

完成例 03 回覧板

表を活用したお知らせ

ファイル名 03回覧板A_完成.docx　つくり方▶ 74ページ

表で捺印欄を作成した回覧板です。回覧する人が増えても、列を挿入するだけで捺印欄を増やすことができます。表にはスタイルを設定し、塗りつぶしの色などの書式を設定できます。

ポイント

ワンクリックで表の書式を設定する

あらかじめ用意されているスタイルギャラリーから選択するだけで、表全体に塗りつぶしや罫線の色、種類を設定できます。

ポイント

捺印欄をつくる

列数と行数を指定するだけで表を挿入できます。表を挿入した後に列を挿入したり、行の高さを変更したりして体裁を整えます。

本書の作例

応用例 ファイル名 03回覧板B_完成.docx

透かしの入ったお知らせ
回覧板

文書の背景に透かし文字を挿入します。複数ページにわたる場合は、すべてのページに挿入されます。

ポイント！

文書の背景に透かしを入れる

透かしの一覧から「緊急」や「サンプル」などをクリックするだけで挿入できます。また、透かしにする文字を入力して、書式を設定することもできます。

参照 ▶ 82ページ

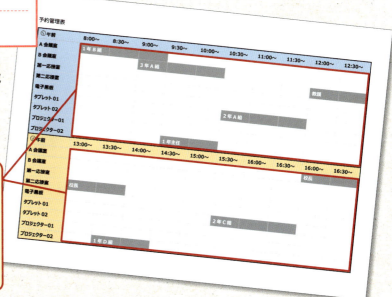

応用例 ファイル名 0301予約管理表.docx

予約時間を塗りつぶす
予約表

使用者や予約時間、返却時間がひと目でわかるように予約管理表を作成します。

ポイント！

時間帯を塗りつぶす

備品の貸し出しや施設利用の予約が入っている時間帯のセルを塗りつぶし、貸し出し状況がわかるようにします。

参照 ▶ 77ページ

完成例 04　地図の入ったお知らせ
交通安全のお知らせ

ファイル名　04交通安全のお知らせA_完成.docx　つくり方▶ 84ページ

直線と四角形、楕円などの図形を使って道路や建物、信号が示された地図を作成します。図形をコピーして色や太さ、位置などを調整し、図形の中に文字を入力して建物や川の名前を表示させます。

ポイント！
道路や建物をコピーする
直線や四角形をコピーして線の太さや色を変更します。コピーした直線を回転して、垂直や水平に配置します。

ポイント！
建物の名前を表示する
図形内に文字を入力することができます。縦書きや横書き、フォントの色なども変更できます。

本書の作例

応用例 ファイル名 04交通安全のお知らせB_完成.docx

線路入りの地図

交通安全のお知らせ

異なる太さ、線種、色の曲線を重ね合わせて線路を作成します。

ポイント！

図形を重ねる

実線と点線を組み合わせて線路を作ります。重ねた実線と点線をグループ化すると、1つの図形としてまとめて移動させることができます。

参照 ▶ 91ページ

応用例 0401模擬店設置案.docx

配置図をコピーする

模擬店配置図

模擬店や校舎などの複数の図形をまとめてコピーし、何度も同じ図形を作成する手間を省きます。

ポイント！

描画キャンバスをコピーする

描画キャンバス内に複雑な配置の地図や配置図を作り、描画キャンバスをコピーして図形の配置を修正します。図形をひとつずつコピーする必要がないので効率的です。

参照 ▶ 86ページ

13

完成例 05 イラストや画像を使ったチラシ
一斉清掃のチラシ

ファイル名 05一斉清掃のチラシA_完成.docx　つくり方 ▶ 94ページ

画像を挿入したチラシです。挿入した画像のサイズを調節したり、画像を適当な位置に配置したりします。また、画像加工用の専用アプリを使用せずに、画像の不要な部分を削除します。

ポイント！
画像を挿入する
インターネット上にある画像を検索して、文書に挿入します。

ポイント！
画像の背景を削除する
画像加工用の専用アプリを使わずに、挿入した画像の不要な部分を削除します。

本書の作例

応用例 | ファイル名 05一斉清掃のチラシB_完成.docx

写真や飾り文字を使ったチラシ

一斉清掃のチラシ

自分で撮影した写真を挿入し、見栄えよく加工します。また、文書のタイトルにインパクトのある飾り文字を使います。

ポイント！

タイトルを飾り文字に変更する

ワードアートを使ってタイトルを飾り文字に変更します。

参照▶104ページ

町内一斉清掃の実施

●日　時●
平成29年1月22日（日）
9：00～11：00
※雨天中止

●集合場所●
池山町公民館前

●備　考●
・ゴミ袋は自治会で用意しておりますが、各自持参していただけると大変助かります。
・寒い中の作業となりますので、防寒対策をした上でのご参加をお願いいたします。

※多くの方のご参加をお願いいたします。

池山町自治会

ポイント！

写真を挿入して加工する

写真を文書に挿入し、白い枠や影を付けます。

参照▶100、102ページ

ポイント！

写真の一部を切り取る

写真の不要な部分をトリミングします。

参照▶101ページ

見開きで印刷する規約文書
06 自治会加入規約

ファイル名 06規約文書A_完成.docx　つくり方▶106ページ

両面印刷にすると表と裏で余白が同じ位置になる規約文書です。スタイルを作成し、書式の設定や変更が簡単にできるようにしています。

ポイント！

スタイルを作成する
段落単位で書式を作成し、名前を付けてスタイルを作成します。

ポイント！

見開きページを設定する
とじしろ分を余白に追加して見開きページを選択します。

応用例 ファイル名 06規約文書B_完成.docx

袋とじで印刷する規約文書

自治会加入規約

横向きのB4用紙を半分に折って冊子にできるように袋とじで印刷します。

ポイント！

袋とじにする

用紙をB4横にして袋とじを選択すると、画面には1ページがB5縦の状態で表示されます。

参照 ▶ 112ページ

池山町自治会規約

第１章　総則

(目的)
第１条　本会は、会員相互の親睦及び福祉の増進を図り、地域課題の解決等に取り組むことにより、住みよい地域社会の形成に資することを目的とする。
(名称)
第２条　本会は、池山町自治会と称する。
(区域)
第３条　本会の区域は別表に定める区域とする。
(事務所)
第４条　本会の事務所は、○×△市池山町××番地に置く。

第２章　会員

第３条に定める区域に住所を有する個人とする。
(会員)
第５条　本会の会員は、
(会費)
第６条　会員は、総会において別に定める会費を納入しなければならない。
(入会)
第７条　第３条に定める区域に住所を有する個人で本会に入会しようとする者は、別に定める入会申込書を会長に提出しなければならない。
2　本会は、前項の入会申込みがあった場合には、正当な理由なくこれを拒んではならない。
(退会等)
第８条　会員が次の各号のいずれかに該当する場合には退会したものとする。
第３条に定める区域内に住所を有しなくなった場合
本人より別に定める退会届が会長に提出された場合
2　会員が死亡し、又は失踪宣告を受けたときは、その資格を喪失する。

第３章　役員

(役員の種別)
第９条　本会に、次の役員を置く。
（１）会　長　1人
（２）副会長（書記兼務）　1人
（３）副会長（会計兼務）　1人
（４）監　事（会計監査）　2人

－1－

(役員等の選出)
第10条　会長及び副会長は、会員の中から選挙により選出し、総会にて決定する。
2　監事は、会長が委嘱し、総会にて決定する。
3　監事と会長、副会長は、相互に兼ねることはできない。
(役員の職務)
第11条　会長は、本会を代表し、会務を総括する。
2　副会長（書記兼務）は、会長を補佐し、会長に事故があるとき又は会長が欠けたときは、その職務を代行する。
3　副会長（会計兼務）は、会長を補佐し、会長に事故があるとき又は会長が欠けたときは、その職務を代行する。
4　監事は、次に掲げる業務を行う。
（１）本会の会計及び資産の状況を監査すること。
（２）会長、副会長及びその他の役員の業務執行の状況を監査すること。
（３）会計及び資産の状況又は業務執行について不整の事実を発見したときは、これを総会に報告すること。
（４）前号の報告をするため必要があると認めたときは、総会の招集を請求すること。
(役員の任期)
第12条　役員の任期は、1年とする。ただし、再任を妨げない。
2　補欠により選任された役員の任期は、前任者の残任期間とする。

第４章　総会

(総会の種別)
第13条　本会の総会は、通常総会及び臨時総会の２種とする。
(総会の構成)
第14条　総会は、会員をもって構成する。
(総会の権能)
第15条　総会は、この規約に定めるもののほか、本会の運営に関する重要な事項を議決する。
(総会の開催)
第16条　通常総会は、毎年度決算終了後３カ月以内に開催する。
2　臨時総会は、次の各号のいずれかに該当する場合に開催する。
（１）会長が必要と認めたとき。
（２）全会員の５分の１以上から会議の目的たる事項を示して請求があったとき。
（３）第11条第４項第４号の規定により、監事から開催の請求があったとき。

－2－

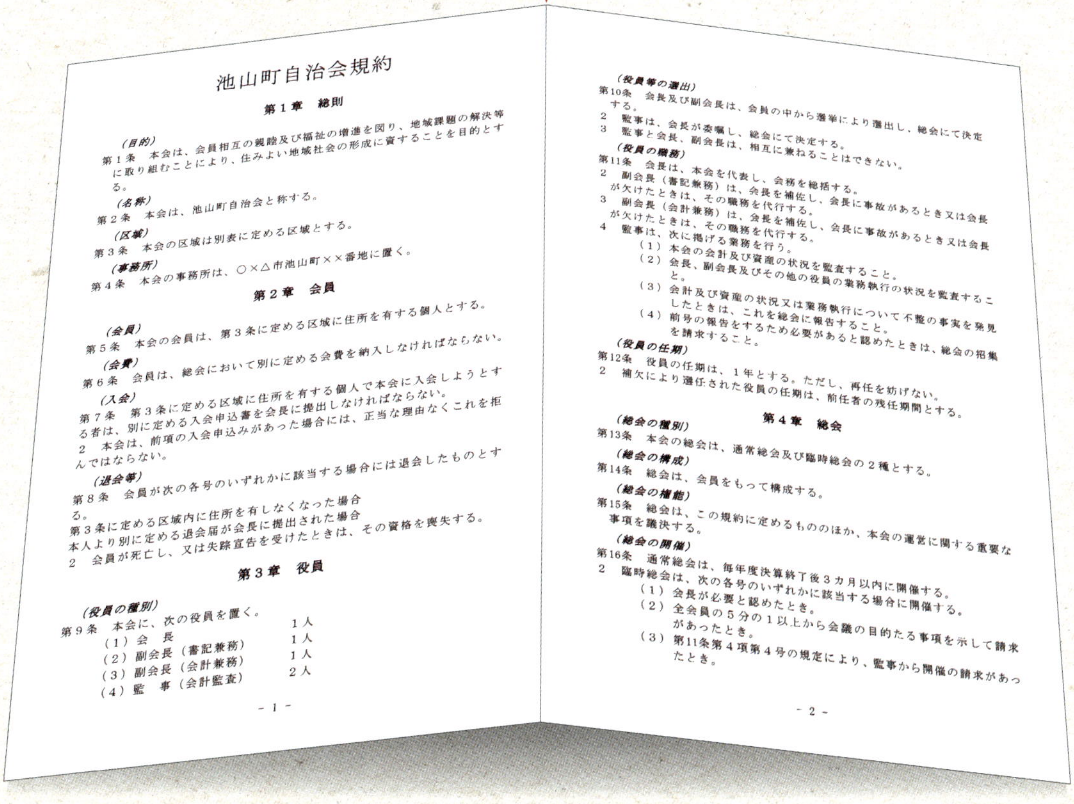

完成例
07 ラベルを利用した名札
役員名札

ファイル名 07役員名札A_完成.docx、07名札用名簿.xlsx　つくり方▶ 114ページ

Excelで作成した名簿のデータを、Wordの差し込み印刷の機能を使って、市販されている名刺用の専用用紙に名札として印刷します。

ポイント!

Excelでデータを用意する
名札として印刷するためのデータをExcelで作成します。

ポイント!

名札のデザインを作成して印刷する
差し込み印刷の機能を使って名札用のラベルをデザインし、Excelのデータを差し込んで印刷します。

本書の作例

応用例 ファイル名 07役員名札B_完成.docx、07名札用名簿.xlsx

書式を設定した名札
役員名札

差し込み印刷の機能を使って作成した名札に、書式を設定します。また、Excelで用意したデータの中から必要なデータだけを選択して印刷します。

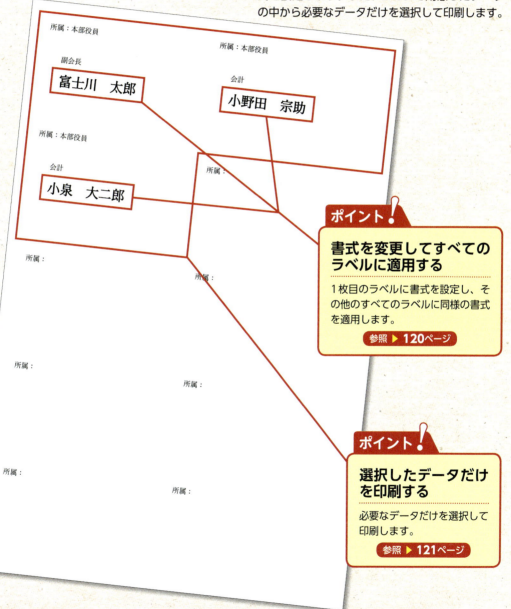

ポイント！

書式を変更してすべてのラベルに適用する

1枚目のラベルに書式を設定し、その他のすべてのラベルに同様の書式を適用します。

参照 ▶ **120ページ**

ポイント！

選択したデータだけを印刷する

必要なデータだけを選択して印刷します。

参照 ▶ **121ページ**

完成例	一覧で見やすい名簿
08	**役員名簿**

ファイル名　08役員名簿A_完成.xlsx　　つくり方▶

先頭行に名前、住所などの見出し項目を作成し、項目に対して同じ種類のデータを入力して一覧表を作成します。列幅を調整したり、罫線を設定したりして見やすい表を作成します。

ポイント！
列幅を調整する

列幅は、数字で指定できるほか、ドラッグ、ダブルクリックなどでも設定できます。データがセル内に収まるように調整します。

海の子小学校PTA役員名簿

No	所属	役職	氏名	児童学年	児童クラス	郵便番号	住所1	住所2	連絡先
1	本部役員	会長	桜井 正太郎	5年	かえで	606-****	左京区糸谷町	4丁目7	111-000*
2	本部役員	副会長	金沢 信二	6年	かえで	606-****	左京区明神町	7丁目9-9	111-000*
3	本部役員	副会長	新井 正二	4年	かえで	606-****	左京区今川町	6丁目1-1	111-000*
4	本部役員	副会長	富士川 太郎	3年	さくら	605-****	東山区榎町	3丁目9	222-001*
5	本部役員	会計	小野田 宗助	5年	さくら	605-****	東山区恵比寿町	3丁目7	222-001*
6	本部役員	会計	小泉 大二郎	4年	すみれ	602-****	上京区花山町	2丁目3	333-002*
7	本部役員	会計	山川 良子	3年	すみれ	602-****	上京区鳥居町	7丁目10	333-002*
8	本部役員	監査	柴山 典子	5年	つばき	612-****	伏見区堀川町	6丁目10	444-003*
9	本部役員	監査	菊川 祥子	3年	つばき	612-****	伏見区烏丸町	4丁目4-3	444-003*
10	本部役員	監査	坂下 理恵	2年	つばき	612-****	伏見区烏丸町	1丁目9-8	444-003*
11	本部役員	書記	中村 塔子	5年	もみじ	604-****	中京区松原町	2丁目9	555-004*
12	高学年委員会	委員長	赤坂 英明	6年	さくら	605-****	東山区榎町	5丁目2	222-001*
13	高学年委員会	副委員長	夏川 あさみ	6年	もみじ	604-****	中京区松原町	9丁目6	555-004*
14	高学年委員会	庶務	岡田 恵子	5年	もみじ	604-****	中京区楡木町	12丁目1	555-004*
15	中学年委員会	委員長	田野川 康太	4年	かえで	606-****	左京区今川町	1丁目11	111-000*
16	中学年委員会	副委員長	吉井 則之	4年	さくら	605-****	東山区恵比寿町	5丁目8	222-001*
17	中学年委員会	庶務	真田 隆	3年	すみれ	602-****	上京区花山町	1丁目12	333-002*
18	低学年委員会	委員長	西村 良助	2年	すみれ	602-****	上京区鳥居町	5丁目5	333-002*
19	低学年委員会	副委員長	吉田 仁	2年	つばき	612-****	伏見区堀川町	3丁目8	444-003*
20	低学年委員会	庶務	丸山 大樹	1年	もみじ	604-****	中京区武田町	5丁目12-1	555-004*
21	広報委員会	委員長	本田 さつき	5年	かえで	606-****	左京区糸谷町	2丁目2	111-000*
22	広報委員会	副委員長	正木 靖男	4年	つばき	612-****	伏見区高辻町	9丁目1	444-003*
23	広報委員会	庶務	小宮 大輔	2年	もみじ	604-****	中京区油谷町	12丁目3-4	555-004*
24	生活委員会	委員長	皆川 玲子	3年	さくら	605-****	東山区梅木町	8丁目6	222-001*
25	生活委員会	庶務	北山 利光	1年	すみれ	602-****	上京区金井町	1丁目1	333-002*

ポイント！
連続番号を入力する

連続性のある数字はオートフィルを使って自動的に入力できます。先頭の数字を入力したセルをドラッグするだけで作成が可能です。

本書の作例

応用例
ファイル名 08役員名簿B_完成.xlsx

テーブル機能を使用する

役員名簿

作成した表をテーブルに変換すると、ワンクリックで表全体に書式を設定できます。

ポイント！

テーブルの書式を変更する

表をテーブルに変換したあと、スタイルギャラリーから簡単に書式を変更できます。

参照 ▶ 128ページ

応用例
ファイル名 0801募金提出管理表.xlsx

特定のデータだけを表示する

募金の提出状況管理帳

テーブルに変換すると、見出し項目に表示されるフィルターボタンをクリックして表示するデータを抽出できます。

ポイント！

提出済の人だけを表示する

見出し項目「提出状況」のフィルターボタンをクリックし、提出済のデータを抽出します。

参照 ▶ 129ページ

完成例 09 計算式を利用した報告書

会計報告書

ファイル名　09会計報告書A_完成.xlsx　つくり方▶ 132ページ

あらかじめ計算式を設定しているので、数字を入力すると合計や金額などが自動的に計算されます。同じフォーマットを毎年使う場合、日付や数字を変更するだけで報告書を作成できます。

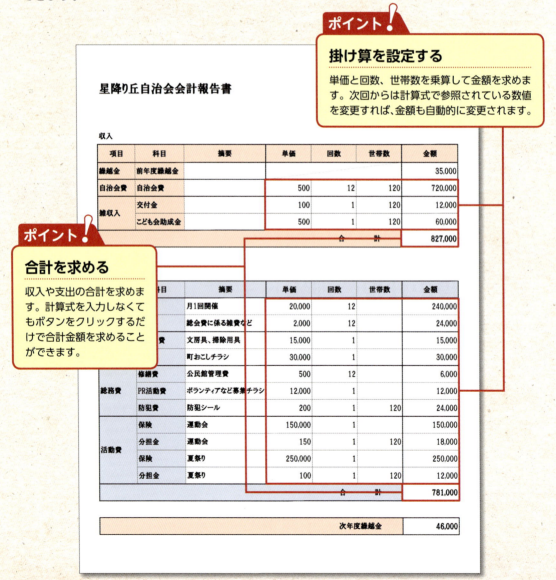

ポイント！ 掛け算を設定する
単価と回数、世帯数を乗算して金額を求めます。次回からは計算式で参照されている数値を変更すれば、金額も自動的に変更されます。

ポイント！ 合計を求める
収入や支出の合計を求めます。計算式を入力しなくてもボタンをクリックするだけで合計金額を求めることができます。

本書の作例

ポイント！
数字に3桁カンマを表示する

桁区切りスタイルを設定すると、数字に3桁カンマが表示されます。また、表示形式の一覧にない曜日が表示されるように表示形式を作成します。

参照 ▶ 137ページ

応用例
表示形式を設定する

ファイル名 09会計報告書B_完成.xlsx

会計報告書

桁区切りや日付の曜日を表示するなど、表を見やすくするために表示形式を設定します。

星降り丘自治会会計報告書

平成29年3月31日(金)
会計:斉藤 たくみ

収入

項目	科目	摘要	単価	回数	世帯数	金額
繰越金	前年度繰越金					
自治会費	自治会費		500	12	120	35,000
雑収入	交付金		100	1	120	720,000
	こども会助成金		500	1	120	12,000
						60,000
		合　計				¥827,000

支出

項目	科目	摘要	単価	回数	世帯数	金額
会議費	総会費	月1回開催	20,000	12		240,000
	運営費	総会費に係る雑費など	2,000	12		24,000
事務費	消耗品費	文房具、掃除用具	15,000	1		15,000
	広報費	町おこしチラシ	30,000	1		30,000
総務費	修繕費	公民館管理費	500	12		6,000
	PR活動費	ボランティアなど募集チラシ	12,000	1		12,000
	防犯費	防犯シール	200	1	120	24,000
活動費	保険	運動会	150,000	1		150,000
	分担金	運動会	150	1	120	18,000
	保険	夏祭り	250,000	1		250,000
	分担金	夏祭り	100	1	120	12,000
		合　計				¥781,000
		次年度繰越金				¥46,000

23

完成例

10 年間行事予定表

日付・曜日入りの予定表

ファイル名 10年間行事予定表A_完成.docx　つくり方 140ページ

特定のセルに任意の年月日を入力するだけで、その年の予定表が作成されます。土日には自動的に色が付くように設定しているので、一度作成すると毎年使うことができる便利な年間行事予定表です。

ポイント！
土日のセルに自動的に色を付ける
条件付き書式にTEXT関数を使って数式を設定し、土日のセルに自動的に色が付くようにします。

ポイント！
存在しない日のセルの文字色を白に設定する
条件付き書式にMONTH関数を使って数式を設定し、存在しない日のセルの文字が自動的に白になるようにします。

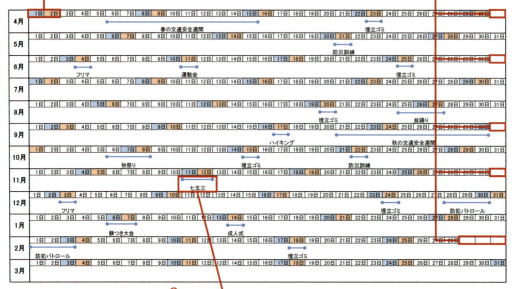

ポイント！
行事の期間を表す線を挿入する
行事の期間に直線を挿入し、線の太さや始点と終点のスタイルを変更します。

本書の作例

応用例 10年間行事予定表B_完成.docx

祝祭日に色を付け、PDF形式に変換してメールで配布

年間行事予定表

土日以外の祝祭日にも色を付け、Excelで作成した表をPDFファイルに変換してメールで配布します。

ポイント！
祝祭日に色を付ける

インターネットやカレンダーからその年の祝祭日の一覧表を作成し、条件付き書式にCOUNTIF関数を使って数式を作成し、祝祭日に色を付けます。

参照 ▶ 148ページ

ポイント！
PDFファイルに変換し、メールで配布する

ファイルの保存形式にPDFを選択し、Excelの共有機能を使って電子メールに添付して送信します。

参照 ▶ 150ページ

完成例 11

図形を上手に使った組織図
自治会組織図

ファイル名 11自治会組織図A_完成.docx　つくり方

SmartArtを使って自治会の組織図を作成します。

ポイント！

SmartArtを作成する

SmartArtの組織図を使って、自治会組織図が簡単に作成できます。

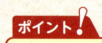

本書の作例

応用例 ファイル名 11自治会組織図B_完成.docx
画像や図形を追加した組織図

自治会組織図

SmartArtで作成した自治会組織図に画像や図形を追加して、オリジナルの組織図に変更します。

ポイント！

画像を追加する

あらかじめ用意しておいた画像を追加して、サイズと位置を調整します。

参照 ▶ **160ページ**

ポイント！

図形を追加する

作成した組織図に図形を追加し、図形の並び順を変更します。

参照 ▶ **161ページ**

27

本書の使い方

本書では、Word、Excelの作図機能を利用し、書類や案内図のつくり方を紹介しています。「完成例」でつくりたい作例を探し、Part1の該当箇所を見ながら、実際に作例をつくってみましょう。また、Part2では書類作成に便利なテクニックを紹介しています。

「完成例」でつくりたい作例を探す　▶6〜27ページ

完成例
Part1でつくり方を解説している作例です。

ファイル名
付属CD-ROMに収録されている作例のファイル名です。

参照ページ
作例のつくり方を解説しているページです。

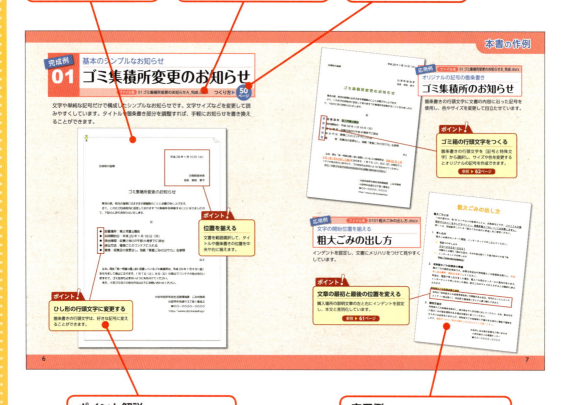

ポイント解説
作例をつくるうえでのポイントを解説しています。

応用例
完成例で解説した機能を応用してつくった作例です。

「作例のつくり方」でつくり方を学ぶ ▶ 50～162ページ

作例のタイトル
ここでつくる作例のタイトルと、書類の特徴です。

ファイル名
ここでつくる作例の完成ファイルと、作例をつくるときに利用するお助けファイルのファイル名です。

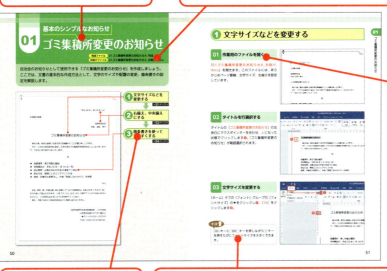

操作解説
作例をつくるための操作の解説です。文章中の番号と、右の画面上の番号が対応しています。

つくり方の流れ
作例をつくる際の操作手順と、それぞれの操作を解説しているページです。

ワンポイント
「＋α」は覚えておくと便利な補足事項、「注意」は操作する際に気を付ける注意事項、「参照」は関連する操作を解説しているページを紹介しています。

ああしたい！こうしたい！
完成例をアレンジするテクニックを紹介しています。

「便利なテクニック」を学ぶ ▶ 164～189ページ

Question
書類作成で行いたいことや困ったことを表しています。

Answer
Questionに対する解決方法を紹介しています。

ワンポイント
操作解説に対する補足事項や注意事項です。

ファイル名
紹介している機能を実際に操作して試すことができるファイルのファイル名です。

操作解説
Answerの具体的な操作の解説です。

29

CD-ROMの使い方

本書の付属CD-ROMには、本書で紹介している完成例と、完成例の作成手順を学ぶために必要なデータを収録しています。ここでは、付属CD-ROMの内容と、その利用方法について解説します。

CD-ROMからデータをパソコンにコピーする

CD-ROMに収録されている作例のデータは、いったんパソコンのデスクトップにコピーしてから使ってください。ここでは、Windows 10でのコピーの方法を紹介します。

01 CD-ROMを読み込む

付属CD-ROMをパソコンのドライブにセットします。デスクトップの右下にダイアログボックスが表示されたら、クリックします❶。

02 エクスプローラーでファイルを表示する

CD-ROMに対して行う動作を選択する［自動再生］画面が、デスクトップの右上に表示されます。［フォルダーを開いてファイルを表示］をクリックします❶。

03 パソコンにデータをコピーする

付属CD-ROM内のフォルダーが表示されます。コピーしたいフォルダーを、デスクトップの何も表示されていない場所へドラッグします❶。

ワンポイント

［自動再生］画面が表示されない場合は？

タスクバーにある［エクスプローラー］のアイコンをクリックします。エクスプローラーのウィンドウが表示されたら、［PC］をクリックし❶、ドライブのアイコンをダブルクリックします❷。

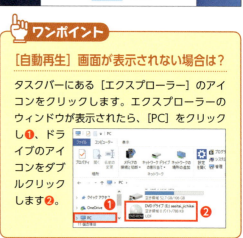

ファイルを開く

本書の作例を開きます。なお、本書で紹介している機能は、Word、Excelで同様に利用できますが、作例はWordまたはExcelで利用するファイルです。

01 フォルダーを開く

30ページでデスクトップにコピーしたフォルダーをダブルクリックします❶。

02 フォルダーを選択する

各作例に対応したフォルダーが表示されます。利用したい作例があるフォルダーをダブルクリックします❶。

03 ファイルを選択する

作例が表示されます。利用したい作例をダブルクリックします❶。

04 ファイルが開く

ダブルクリックした作例がWord（またはExcel）で開きます。

> **ワンポイント**
>
> **作例ファイルの種類について**
>
> 付属CD-ROMに収録されているデータのうち、Wordのファイルには「W」のアイコンが表示されます。Excelのファイルには、画面のように「X」のアイコンが表示されます。
>
>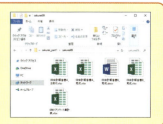

CD-ROMの収録内容

付属CD-ROM内のデータは、WordやExcelで自由に利用できます。なお、付属CD-ROMから直接データを読み込むと、そのままでは上書き保存ができません。30～31ページで紹介した方法で、パソコンにコピーしてからお使いください。

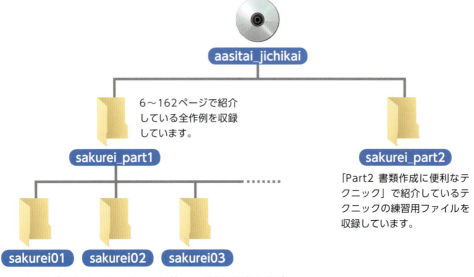

6～162ページで紹介している全作例を収録しています。

「Part2 書類作成に便利なテクニック」で紹介しているテクニックの練習用ファイルを収録しています。

01～11の「完成ファイル」（xxx_完成）と、作例の操作を学ぶための「お助けファイル」（xxx_お助け）を収録しています。

CD-ROMをご利用になる前にお読みください

▶ **付属CD-ROMについて**
- 本書付属のCD-ROMは、Windows 10/8.1/8/7用およびWord 2016/2013/2010、Excel 2016/2013/2010用です。それ以外のバージョンでの動作は保証していません。
- 本書付属のCD-ROMに収録されているデータは、お客様のパソコンのフォント環境によっては、正しく表示・印刷されない場合があります。
- 本書付属のCD-ROMに収録されているデータは、お手持ちのプリンターによっては、印刷時に設定の調整が必要になる場合があります。また、本書に掲載されている見本の色調と異なる場合があります。
- 本書付属のCD-ROMに収録されているデータを使用した結果生じた損害は、（株）技術評論社および著者は一切の責任を負いません。

▶ **収録データの著作権について**
- 本書付属のCD-ROMに収録されたデータの著作権・商標権は、すべて著者に帰属しています。
- 本書付属のCD-ROMに収録されたデータは、個人で使用する場合のみ利用が許可されています。個人・商業の用途にかかわらず、第三者への譲渡、賃貸・リース、伝送、配布は禁止します。
- Microsoft、Windowsは米国およびその他の国における米国Microsoft Corporationの登録商標です。

CD-ROMに収録されているファイルリスト

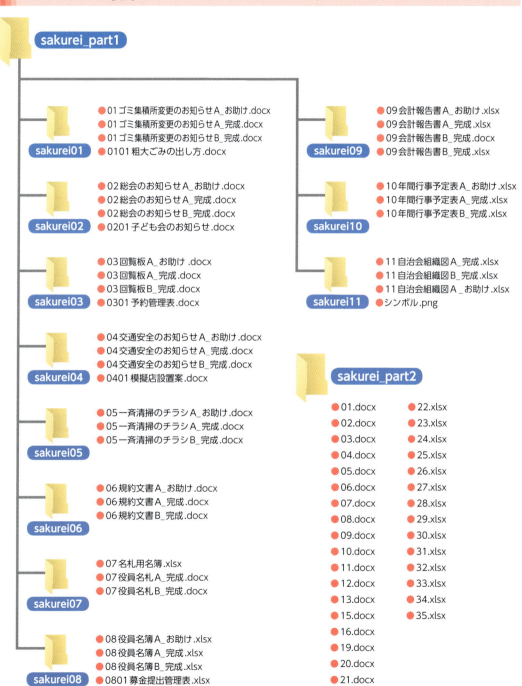

基本操作を覚えておこう

Officeの基本と図形操作

本書では、Microsoft Office 2016に含まれるアプリの作図機能を使い、さまざまな書類の作成方法を解説しています。本書の作例を見本にして、手順に従って操作すれば、さまざまな書類のつくり方を知ることができます。ここでは、書類をつくるうえで覚えておきたいOfficeの基本操作をまとめました。まずは基本操作を覚えてから書類の作成に挑戦してみましょう。

01 2つのアプリの違い

Microsoft Office 2016には、文書作成アプリのWord 2016、表計算アプリのExcel 2016が含まれていますが、作図機能は2つのアプリともに共通です。したがって、どちらかのアプリで作図機能の使い方を覚えておけば、ほかのアプリでもほぼ同じ操作で作図機能を利用できます。

図形の一覧の違い

図形を作成するときは、［挿入］タブの［図］グループの［図形］をクリックし、図形の一覧から作成する図形を選択します。Word、Excelのそれぞれのアプリで図形の一覧を表示すると、選択できる図形がほぼ同じであることがわかります。

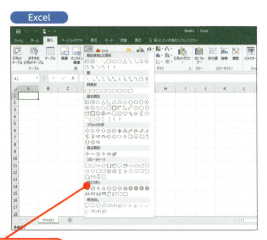

［挿入］タブの［図］グループの［図形］をクリックすると、図形の一覧が表示される

［描画ツール］の［書式］タブの違い

図形を作成したときに表示される［描画ツール］の［書式］タブには、図形を編集する機能がまとめられています。この［書式］タブにまとめられている機能も、それぞれのアプリでほぼ同じです。

［描画ツール］の［書式］タブの機能を使って図形を編集する

文字入力の違い

文字を入力する操作は2つのアプリで異なります（38～39ページ参照）。建物の名前や住所などを入れるときは、それぞれのアプリに適した方法で入力しましょう。なお、図形に文字を追加する操作は変わりません。

入力したい位置をクリックし、カーソルを表示して入力する

入力したいセルをクリックし、セルを選択して入力する

02 新規文書の作成と保存

書類を作成するときは、まず新規文書を開き、書類を作成して、文書を保存します。新規文書を開いたら、必ず最初に保存しておきましょう。また、1つの操作が終わるごとに上書き保存をして更新します。保存しないままでいると、万が一、作業の途中で停電などが発生した際に、作成した書類がすべて失われてしまう危険があります。なお、Word、Excelで操作は共通です。

新規文書を開く

01 アプリの一覧を表示する

タスクバーにある［スタート］をクリックします❶。アプリの一覧が表示されます。

02 Word 2016を起動する

スタートメニューをスクロールし❶、［Word 2016］をクリックします❷。Word 2016が起動します。

03 白紙の文書を作成する

［白紙の文書］をクリックします❶。

04 白紙の文書が作成される

白紙の文書が作成されます。ここから文書を作成していきます。

新規文書を保存する

01 新規文書を保存する

［ファイル］タブをクリックします❶。

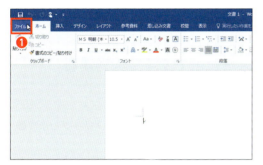

02 ダイアログボックスを表示する

［名前を付けて保存］をクリックし❶、［参照］をクリックします❷。［名前を付けて保存］ダイアログボックスが表示されます。

03 名前を付けて保存する

保存したいフォルダー（ここでは「ドキュメント」）を選択し❶、［ファイル名］を入力して❷、［保存］をクリックします❸。

04 新規文書が保存される

入力したファイル名で新規文書が保存され、文書の編集画面に戻ります。

> **ワンポイント**
>
> **上書き保存をする**
>
> 作成した文書を更新したときは上書き保存をしましょう。上書き保存をするには、［ファイル］タブの［上書き保存］をクリックするか、クイックアクセスツールバーの 🖫（上書き保存）をクリックします。上書き保存をすると、保存前の状態に戻すことはできないので注意しましょう。

03 文字の入力と書き換え

お知らせ文書の文面を作成したり、図形に文字を入れたりしたいときは、キーボードを使って文字を入力します。Word、Excelで操作は異なりますが、基本的には文字を入力したい位置にカーソルを移動し、キーボードを使って文字を入力します。ここでは、それぞれのアプリでの文字の入力と書き換えの方法を解説します。

Wordで文字を入力する

01 カーソルを移動する

文字を入力したい位置をクリックします❶。カーソルが移動されます。

02 文字を入力する

キーボードから文字を入力し、Enterキーを押します❶。カーソルのある位置に文字が入力されます。

Excelで文字を入力する

01 セルを選択する

文字を入力したいセルをクリックします❶。セルが選択されます。

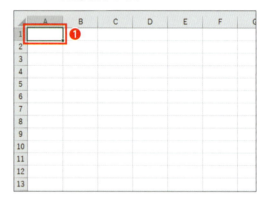

02 文字を入力する

キーボードから文字を入力し、Enterキーを押します❶。選択したセルに文字が入力されます。

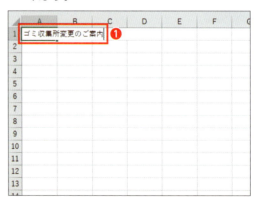

図形内に文字を入力する

01 図形をクリックする

文字を入力したい図形をクリックします❶。選択した図形に が表示されます❷。

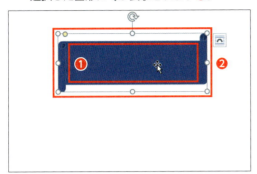

02 文字を入力する

キーボードから文字を入力し、Enterキーを押します❶。文字が入力されて図形内にカーソルが点滅します。

文字を書き換える

01 書き換えたい文字を選択する

書き換えたい文字をドラッグして選択します❶。Excelの場合はセルをダブルクリックしてカーソルを表示し、文字をドラッグします。

02 文字を入力する

キーボードから文字を入力し、Enterキーを押します❶。文字が書き換えられます。

ワンポイント

Insertキーでの入力方法切り替え

キーボードのInsertキーを押すと、文字の入力の「挿入モード」と「上書きモード」が、交互に切り替わります。文字の入力方法には、「挿入モード」と「上書きモード」の2種類があり、初期状態では「挿入モード」が選択されています。「挿入モード」では、カーソルの位置に文字が挿入され、既存の文字は自動的に後へずれます。「上書きモード」では、カーソルの後ろにある文字を1文字ずつ削除しながら新たな文字が入力されます。

04 図形の作成と編集

図形を作成するには、図形の一覧から目的の形状を選択し、図形の始点でマウスボタンを押し、そのままドラッグして終点でボタンを離します。図形の位置や大きさはあとから変更できます。ここでは、図形の基本的な作成方法を解説します。

図形を作成する

01 図形の一覧を表示する

［挿入］タブの［図］グループの［図形］をクリックします❶。図形の一覧が表示されます。

02 図形の形状を選択する

図形の一覧から、作成したい図形（ここでは［正方形/長方形］）をクリックします❶。

03 編集画面をドラッグする

マウスポインターが十字の形状になった状態で、編集画面を右下にドラッグします❶。

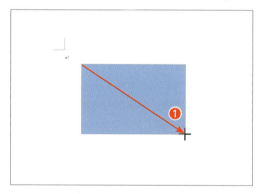

04 図形が作成される

ドラッグした範囲の大きさで図形が作成され、作図機能が解除されます。作成した直後は、図形の周囲に○（ハンドル）が表示され、図形が選択された状態になります。

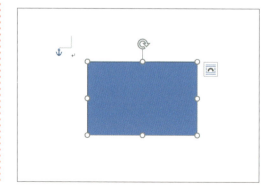

直線を引く

01 作図機能の[直線]を選択する

[挿入]タブの[図]グループの[図形]をクリックし❶、[直線]をクリックします❷。

02 編集画面をドラッグする

マウスポインターが十字の形状になった状態で、編集画面を右下にドラッグし❶、斜めの直線を引きます。

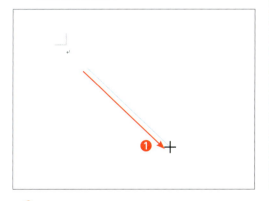

円を作成する

01 作図機能の[楕円]を選択する

[挿入]タブの[図]グループの[図形]をクリックし❶、[楕円]をクリックします❷。

02 編集画面をドラッグする

マウスポインターが十字の形状になった状態で、編集画面を右下にドラッグし❶、楕円を作成します。

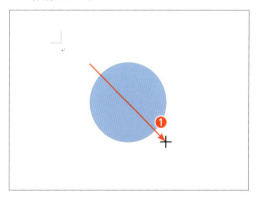

👉 ワンポイント

正方形や正円を作成する

作図機能の[正方形/長方形]や[楕円]を選択し、[Shift]キーを押しながら編集画面をドラッグすると、正方形や正円を作成できます。そのほかの形状でも、上下左右の長さが均等な図形を作成できます。また、[直線]を選択して[Shift]キーを押しながらドラッグすると、水平、垂直、斜め45度のそれぞれの直線を引くことができます。

図形を移動する

01 図形をドラッグする

図形にマウスポインターを合わせ、マウスポインターが十字の矢印の形状になったら、下にドラッグします❶。

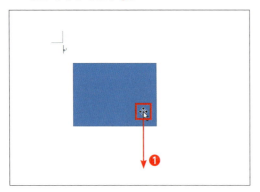

02 図形が移動される

ドラッグした位置に図形が移動します。

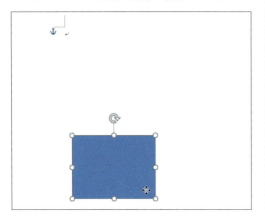

図形の大きさを変更する

01 ハンドルをドラッグする

図形をクリックして選択し❶、図形の右下の○（ハンドル）にマウスポインターを合わせ、マウスポインターが斜めの矢印の形状になったら、右下にドラッグします❷。

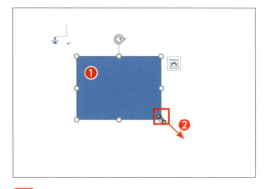

02 図形の大きさが変更される

ドラッグした位置まで図形が大きくなります。

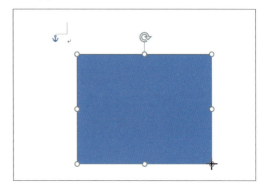

> **ワンポイント**
>
> **垂直方向や水平方向に移動する**
>
> 図形をクリックして選択し、Shiftキーを押しながら上下にドラッグすると垂直方向に、左右にドラッグすると水平方向に図形を移動できます。また、図形をクリックして選択し、Shiftキーを押しながら四隅の○（ハンドル）をドラッグすると、縦横比を維持したまま図形の大きさを変更できます。

図形の塗りつぶしの色を変更する

01 色の一覧を表示する

図形をクリックして選択し❶、［描画ツール］-［書式］タブの［図形のスタイル］グループの［図形の塗りつぶし］をクリックします❷。色の一覧が表示されます。

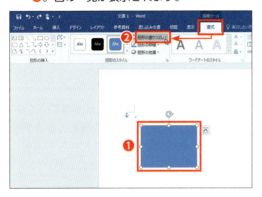

02 色を選択する

色の一覧から、［緑、アクセント6］をクリックします❶。塗りつぶしの色が緑になります。

図形の枠線の色を変更する

01 色の一覧を表示する

図形をクリックして選択し❶、［描画ツール］-［書式］タブの［図形のスタイル］グループの［図形の枠線］をクリックします❷。色の一覧が表示されます。

02 色を選択する

色の一覧から、［赤］をクリックします❶。枠線の色が赤になります。

👉 ワンポイント

図形を回転させる

図形をクリックして選択し、図形の上部に表示される（回転ハンドル）を左右にドラッグすると、図形を回転させることができます。Shiftキーを押しながらドラッグすると、15度ずつ回転させることができます。

書類の基本を押さえよう

わかりやすい書類作成のポイント

Wordは豊富な表現力を使って美しい文書を作成することのできるワープロソフトで、Excelは表の作成や計算を行うための表計算ソフトです。ふたつのソフトは文字のフォントや色、コピーや移動などの基本的な操作が共通しています。WordとExcelを使った、わかりやすい書類を作成するポイントを解説します。

01 書類作成の流れ

書類を作成するときは、まず書類の種類と内容をイメージし、書類のほとんどを文章が占めているか、もしくは表が大部分を占めているものかどうかで、Wordを使用するかExcelを使用するかを判断します。ただし、組織図や写真、イラストなどが必要な書類は、WordとExcelのどちらを選択しても作成することができます。次の流れに従って、わかりやすい書類を作成してみましょう。

02 フォントや色のイメージを統一する

フォントやフォントサイズ、色などの書式を多用すると、見た目が煩雑になり、何より重要な部分を見落としてしまう原因になる可能性があります。タイトルや目立たせたい箇所だけに本文と異なる書式を設定すると、重要ポイントをひと目で確認できます。また、「テーマ」を使用して同じ系統の色を使用して統一性を持たせると、簡単に見栄えを整えることができます。

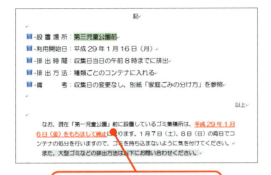

目立たせたい部分だけフォントサイズやフォントの色を変更する

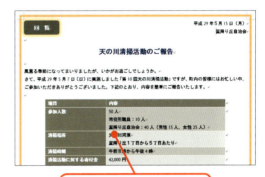

テーマを設定してフォントや配色を揃えて統一感を出す

03 ワードアートで効果的に魅せる

フォントやフォントサイズ、フォントの色を変えて作成したタイトルを、さらに印象的な文字にするにはワードアートを使います。ワードアートには、文字の色や枠の色、影、光彩などをセットにしたいくつかのパターンがあらかじめスタイルとして用意されています。選択したスタイルは、簡単にカスタマイズできますので、文書のイメージに合わせてさまざまな形に編集してみましょう。

フォントやサイズ、色を変えるだけだとさほど目立たない

ワードアートを使うとインパクトのあるタイトルになる

04 イラストや写真などを活用する

書類の中には、イラストや写真を使うことによって、文字や表だけの文書に比べて、同じ内容の文書でも視覚的にわかりやすく伝えることができます。写真やイラストは、実際に撮影したものや自作したものが好ましいですが、インターネット上にある無料で利用できるもの使うのもよいでしょう。その際、写真やイラストの著作権には注意を払いましょう（96ページ参照）。

自分で用意した写真を挿入する

インターネット上にあるイラストを挿入する

05 図形やテキストをバランスよく配置する

図形やテキストボックスは、文書内の好きな個所に自由な位置に配置できますが、複数の図形の左端や上端などの辺を揃えて配置すると、整然としたイメージになります。また、図形内に文字を入力し、文書内の文字と同じように配置できます。複数の図形にすべて文字を入力している場合、文字の配置も揃えておくと、統一されたイメージになるでしょう。

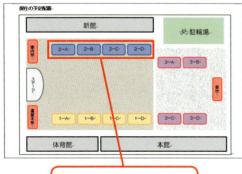

図形の上辺を揃えてすっきりした見た目にする

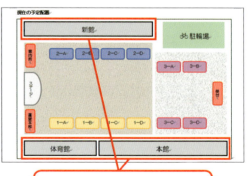

図形内に入力した文字を中央揃えに設定して統一性を持たせる

06 図解を活用する

物事の手順や構造、構成などを説明するときに、文章だけではなかなか伝わりにくい場合があります。図解を使用して説明するといいのがわかっていても、いろいろな図形を組み合わせて一から図解を作成するのは面倒です。そのような場合には、SmartArtグラフィックを活用してみましょう。SmartArtグラフィックには、あらかじめたくさんの図解が用意されています。

循環を表すSmartArtグラフィック

組織図のSmartArtグラフィック

07 WordとExcelを組み合わせる

WordとExcelはどちらもMicrosoftの製品なので、それぞれの得意な機能を使用して作成した資料を簡単に組み合わせることができます。たとえば、Excelで作成した計算式の入った表を、Wordで作成したお知らせ文書に貼り付けたり、Excelで作成した名簿をWordで作成したはがきのあて名に差し込んだりして、効率よく資料を作成できます。

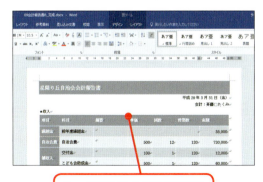

Excelで作成した収支報告書の表をWordに貼り付ける

Excelで作成した名簿をWordで作成したラベルの宛先に差し込む

08 冊子を作成する場合の注意（Word）

複数ページに渡る文書を作成する場合、完成した文書をどのような印刷物にするのかによって、印刷の設定時にちょっとした工夫が必要です。普通の片面印刷にする場合にはページ番号を入れるだけでよいですが、両面印刷にして片側を綴じる場合や、1枚の用紙を半分に折って1枚に2ページ分印刷する場合などには、見開き設定や、袋とじ設定が必要となります。

両面印刷にして片側を綴じる

用紙を半分に折って1枚に2ページ印刷する

09 数式を上手に使う（Excel）

Excelは計算を得意とするソフトです。計算が必要な会計報告書や家計簿などは、あらかじめ計算式を設定したひな形を作成しておくと、変更される数字を入力するだけで、計算結果が自動的に変更されるので便利です。足し算・引き算・掛け算・割り算などの基本的な計算式のほかに、合計や平均を求める関数を設定することもできます。

単価や回数、世帯数が変更されると金額が変更される

人数を変更すると、合計や平均の値も変更される

Part 1
作例のつくり方

ここでは、作例をつくるための操作手順をくわしく解説します。作例の中には、付属CD-ROMのお助けファイルを使い、つくり方を解説しているものがあります。作例をつくる前に、必要なファイルを確認しておきましょう。

01	ゴミ集積所変更のお知らせ	50
02	総会のお知らせ	64
03	回覧板	74
04	交通安全のお知らせ	84
05	一斉清掃のチラシ	94
06	自治会加入規約	106
07	役員名札	114
08	役員名簿	122
09	会計報告書	132
10	年間行事予定表	140
11	自治会組織図	152

01 ゴミ集積所変更のお知らせ

基本のシンプルなお知らせ

完成ファイル　01ゴミ集積所変更のお知らせA_完成.docx
お助けファイル　01ゴミ集積所変更のお知らせA_お助け.docx

自治会のお知らせとして使用できる「ゴミ集積所変更のお知らせ」を作成しましょう。ここでは、文書の基本的な作成方法として、文字のサイズや配置の変更、箇条書きの設定を解説します。

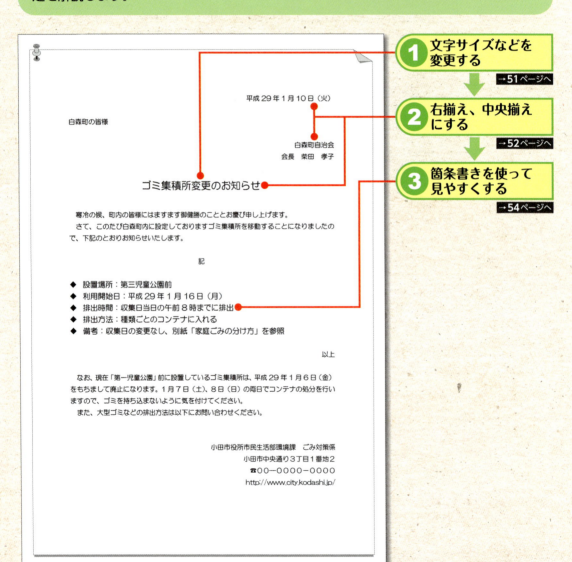

1 文字サイズなどを変更する →51ページへ

2 右揃え、中央揃えにする →52ページへ

3 箇条書きを使って見やすくする →54ページへ

1 文字サイズなどを変更する

01 作業用のファイルを開く

「01ゴミ集積所変更のお知らせA_お助け.docx」を開きます。このファイルには、あらかじめページ罫線、文字サイズ、右揃えを設定しています。

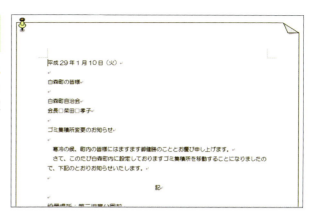

02 タイトルを行選択する

タイトルの「ゴミ集積所変更のお知らせ」の左余白にマウスポインターを合わせ、になった状態でクリックします❶。「ゴミ集積所変更のお知らせ」が範囲選択されます。

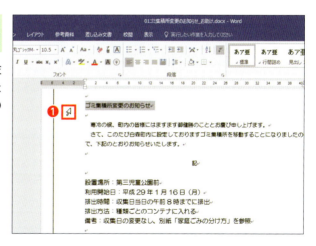

03 文字サイズを変更する

［ホーム］タブの［フォント］グループの［フォントサイズ］の▼をクリックし❶、［16］をクリックします❷。

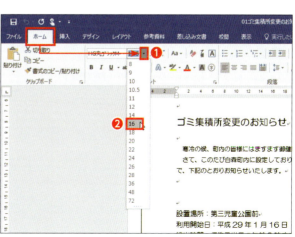

Ctrlキーと Shiftキーを押しながら > キーを押すたびにフォントサイズを大きくできます。

2 右揃え、中央揃えにする

01 発行日を右揃えにする

1行目の「平成29年1月10日（火）」のどこかをクリックしてカーソルを表示し❶、［ホーム］タブの［段落］グループの［右揃え］をクリックします❷。

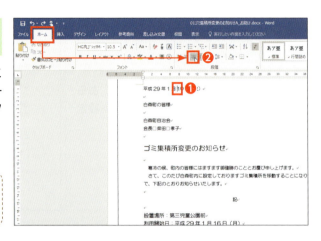

+α
段落とは Enter キーを押して挿入される段落記号までのまとまりをいいます。

02 複数の行をまとめて選択する

5行目の発行者の「白森町自治会」の左余白にマウスポインターを合わせ、�️になった状態で6行目の「会長　柴田　孝子」までドラッグします❶。

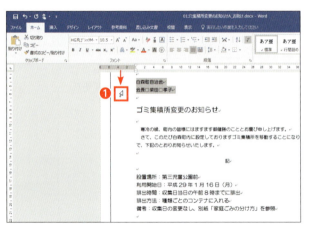

03 複数の行をまとめて右揃えする

［ホーム］タブの［段落］グループの［右揃え］をクリックします❶。

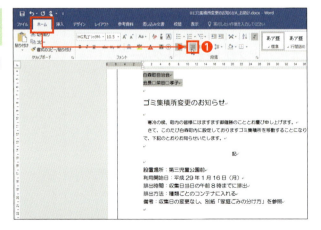

04 タイトルを中央揃えにする

タイトルの「ゴミ集積所変更のお知らせ」のどこかをクリックしてカーソルを表示し❶、[ホーム]タブの[段落]グループの[中央揃え]をクリックします❷。

離れている複数の行を同時に選択する

1行目と5行目、6行目など連続していない行を一度に選択する場合は、Ctrlキーを押しながら選択をします。たとえば、1行目を行選択し❶、Ctrlキーを押しながら5行目から6行目を選択します❷。

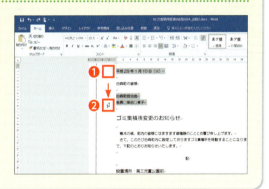

文書全体を選択する

左余白にマウスポインターを合わせ、になった状態ですばやく続けて3回クリック（トリプルクリック）すると、文書全体を選択できます❶。

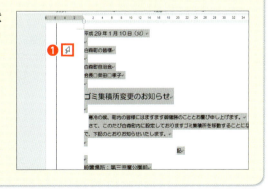

③ 箇条書きを使って見やすくする

01 箇条書きにする行を選択する

16行目の「設置場所」の左余白にマウスポインターを合わせ、≥になった状態で20行目の「備考」までドラッグします❶。

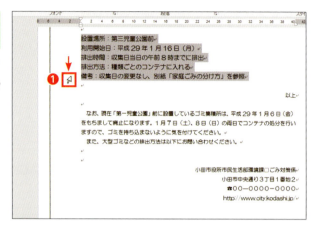

02 箇条書きを設定する

[ホーム] タブの [段落] グループの [箇条書き] をクリックします❶。

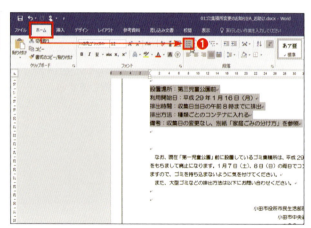

箇条書きを解除する

箇条書きに設定した行頭文字を解除するには、箇条書きを設定した部分を選択し❶、[ホーム] タブの [段落] グループの [箇条書き] をクリックします❷。

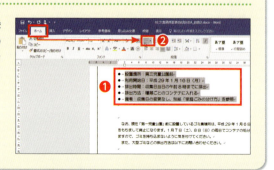

03 行頭文字を変更する

16行目の「設置場所」の左余白にマウスポインターを合わせ、🢅になった状態で20行目の「備考」までドラッグし❶、[ホーム] タブの [段落] グループの [箇条書き] の▼をクリックして❷、[◆] をクリックします❸。

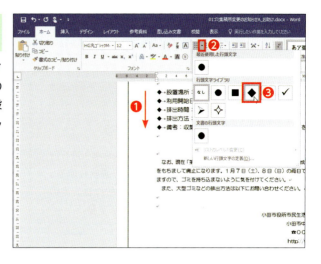

[箇条書き] をクリックしたときの行頭文字

[箇条書き] をクリックすると、最後に選択した行頭文字が設定されます。初期状態では「●」ですが、手順03のように「◆」に変更すると、次に [箇条書き] をクリックしたときに「◆」が設定されます。この設定は、同じ文書内でのみ適用されます。

段落の先頭に連続した番号を挿入する

[ホーム] タブの [段落] グループの [段落番号] をクリックすると、行頭文字ではなく連続した番号を設定できます。なお、[ホーム] タブの [段落] グループの [段落番号] の▼をクリックすると、「①」などの番号を選択できます。

▶▶▶ 作例のアレンジのしかた

ああしたい！
こうしたい！

文字に色やスタイルを設定して目立たせたい

■ 文字の色を設定する

1 行をまたいだ文字を選択する

24行目から25行目の「平成29年1月6日（金）をもちまして廃止」まで選択します。24行目にマウスポインターを合わせ、Ｉの状態で25行目までドラッグします❶。

2 文字の色を選択する

［ホーム］タブの［フォント］グループの［フォントの色］の▼をクリックし❶、［赤］をクリックします❷。

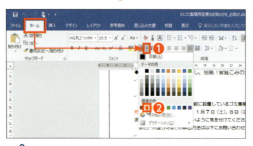

■ 下線を設定する

1 一重下線を設定する

24行目から25行目の「平成29年1月6日（金）を持ちまして廃止」を範囲選択します❶。［ホーム］タブの［フォント］グループの［下線］をクリックします❷。

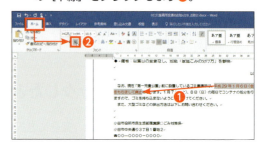

2 下線の種類を変更する

［ホーム］タブの［フォント］グループの［下線］の▼をクリックし❶、［二重下線］をクリックします❷。

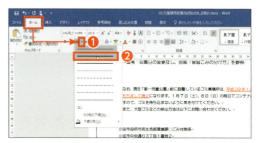

👆 ワンポイント

下線の色を変更する

下線の色は、下線を設定した文字の色と同じ色が設定されます。文字の色と異なる色を設定する場合は、［ホーム］タブの［フォント］グループの［下線］の▼をクリックし、［下線の色］にマウスポインターを合わせ、一覧からクリックします。

■ 文字を太くする

1 太字を設定する

24行目から25行目の「平成29年1月6日（金）を持ちまして廃止」を範囲選択します❶。[ホーム]タブの[フォント]グループの[太字]をクリックします❷。

> **ワンポイント**
>
> **スタイルの設定と解除について**
>
> [太字]、[斜体]、[下線]などのスタイルは、クリックすると設定され、もう一度クリックすると解除されます。

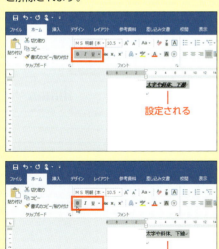

■ 文字に背景色を設定する

1 グレーの網かけを設定する

27行目の左余白にマウスポインターを合わせ、になった状態でクリックして行選択し❶、[ホーム]タブの[フォント]グループの[文字の網かけ]をクリックします❷。

2 グレー以外の背景を設定する

16行目にマウスポインターを合わせ、Iの状態で「第三児童公園前」をドラッグして範囲選択し❶、[ホーム]タブの[段落]グループから[塗りつぶし]の▼をクリックして❷、[緑、アクセント6、白＋基本色60％]をクリックします❸。

文字の効果を設定する

1 タイトルを選択する

8桁目の左余白にマウスポインターを合わせ、になった状態でクリックします❶。

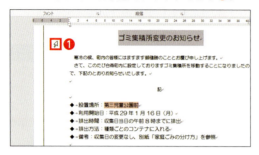

2 文字の効果を選択する

［ホーム］タブの［フォント］グループの［文字の効果と体裁］をクリックし❶、［塗りつぶし：オレンジ、アクセントカラー2；輪郭：オレンジ、アクセントカラー2］をクリックします❷。

3 影効果を追加する

［ホーム］タブの［フォント］グループの［文字の効果と体裁］をクリックし❶、［影］にマウスポインターを合わせ、［外側］グループの［オフセット：右下］をクリックします❷。

4 文字の輪郭の色を変更する

［ホーム］タブの［フォント］グループの［文字の効果と体裁］をクリックし❶、［文字の輪郭］にマウスポインターを合わせ、［緑、アクセント6］をクリックします❷。

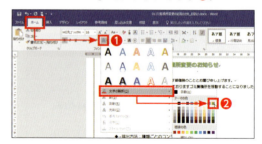

ワンポイント

文字の効果を削除する

［文字の効果と体裁］の一覧から選択する効果には、あらかじめフォントの色、輪郭の色、影、反射などが組み合わされています。書式を解除するには、［ホーム］タブの［フォント］グループの［文字の効果と体裁］をクリックし、各効果の［なし］をクリックします。フォントの色が設定されている場合は、［ホーム］タブの［フォント］グループの［フォント］をクリックして［自動］、太字が設定されている場合は、［ホーム］タブの［フォント］グループの［太字］をクリックします。

文字の間隔や行の間隔を変更したい

均等割り付けを設定する

1 文字列を複数選択する

16行目の「設置場所」をドラッグして選択し❶、Ctrlキーを押しながら18行目の「排出時間」、19行目の「排出方法」、20行目の「備考」をドラッグして選択します❷。[ホーム] タブの [段落] グループの [均等割り付け] をクリックします❸。

2 均等割り付けを設定する

[文字の均等割り付け] ダイアログボックスが表示されるので、[新しい文字の幅] の▲をクリックして [5字] に設定し❶、[OK] をクリックします❷。

3 文字列だけを範囲選択する

5行目の「白森町自治会」を、段落記号を含まずにドラッグして選択します❶。[ホーム] タブの [段落] グループの [均等割り付け] クリックします❷。

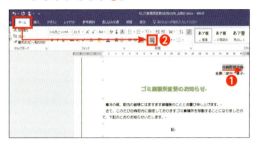

4 均等割り付けを設定する

[文字の均等割り付け] ダイアログボックスが表示されるので、[新しい文字の幅] の▲をクリックして [8字] に設定し❶、[OK] をクリックします❷。

ワンポイント

段落全体への均等割り付け

段落記号を含んで選択した状態で、[ホーム] タブの [段落] グループの [均等割り付け] をクリックすると、段落全体に均等に割り付けされます。

■ 文字の間隔を広げる

1 タイトルを選択する

8桁目の左余白にマウスポインターを合わせ、🔄になった状態でクリックし❶、［ホーム］タブの［フォント］グループの［フォント］をクリックします❷。

2 文字間隔を設定する

［フォント］ダイアログボックスが表示されるので、［詳細設定］タブをクリックします❶。［文字間隔］から［広く］をクリックし❷、［間隔］の▲をクリックして［2.5］に設定し❸、［OK］をクリックします❹。

■ 行間を広げる

1 行を選択する

16行目の「設置場所」の左余白にマウスポインターを合わせ、🔄になった状態で20行目の「備考」までドラッグして行選択します❶。

2 行間を設定する

［ホーム］タブの［段落］グループの［行と段落の間隔］をクリックし、［1.5］をクリックします❶。

3 一覧にない行間を設定する

［ホーム］タブの［段落］グループの［行と段落の間隔］をクリックし、［行間のオプション］をクリックします❶。

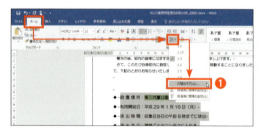

4 行間を設定する

［段落］ダイアログボックスが表示されるので、［インデントと行間隔］タブをクリックします❶。［間隔］グループの［行間］から「倍数」を選択して❷、［間隔］の▼をクリックし、［1.25］に設定して❸、［OK］をクリックします❹。

行の開始位置や終了位置を変更したい

■ 左インデントを設定する

1 [段落の設定] ダイアログボックスを表示する

30行目の左余白にマウスポインターを合わせ、🔄になった状態で33行目までドラッグして行選択します❶。[ホーム] タブの [段落] グループの [段落の設定] をクリックします❷。

2 左インデントを設定する

[段落] ダイアログボックスが表示されるので、[インデントと行間隔] タブをクリックします❶。[インデント] グループの [左] に半角で [20] と入力し❷、[OK] をクリックします❸。

■ 右インデントを設定する

1 [段落の設定] ダイアログボックスを表示する

24行目の左余白にマウスポインターを合わせ、🔄になった状態で27行目までドラッグして行選択し❶、[レイアウト] タブの [段落] グループの [左インデント] の▲をクリックして [2字] に設定し、[右インデント] の▲をクリックして [2字] に設定します❷。

ワンポイント

左インデントをボタンで設定する

[ホーム] タブの [段落] グループの [インデントを増やす] や [インデントを減らす] をクリックすると左インデントを1文字ずつ設定したり解除したりできます。

01 ゴミ集積所変更のお知らせ

61

オリジナルの行頭文字を設定したい

■ 箇条書きの行頭文字を作成する

1 新しい行頭文字を設定する

16行目の「設置場所」の左余白にマウスポインターを合わせ、マウスポインターが ⇗ になった状態で20行目の「備考」までドラッグして行選択し❶、[ホーム] タブの [段落] グループの [箇条書き] の▼をクリックして、[新しい行頭文字の定義] をクリックします❷。

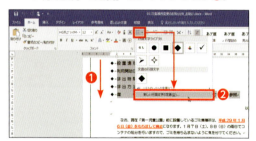

2 [記号と特殊文字] ダイアログボックスを表示する

[新しい行頭文字の定義] ダイアログボックスが表示されるので、[記号] をクリックします❶。

3 フォントを選択する

[記号と特殊文字] ダイアログボックスが表示されるので、[フォント] から [Wingdings2] をクリックします❶。

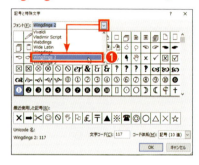

4 記号を選択する

「🗑」をクリックし❶、[OK] をクリックします❷。

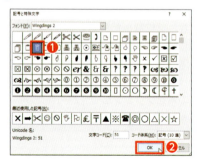

💡 ワンポイント

パソコン内の写真やイラストを行頭文字に使用する

[新しい行頭文字の定義] ダイアログボックスの [図] をクリックして表示される [画像の挿入] ダイアログボックスから、[参照] をクリックします。

5 ［フォント］ダイアログボックスを表示する

［新しい行頭文字の定義］ダイアログボックスが表示されるので、［文字書式］をクリックします❶。

6 色、スタイル、サイズを設定する

［フォント］ダイアログボックスが表示されるので、［フォントの色］から［青］をクリックします❶。［スタイル］リストボックスの［太字］をクリックし❷、［サイズ］の［14］をクリックします❸。

7 横幅を広げる

［詳細設定］タブをクリックし❶、［文字列と間隔］グループの［倍率］から［150%］をクリックして❷、［OK］をクリックします❸。

8 新しい行頭文字を確定する

［新しい行頭文字の定義］ダイアログボックスが表示されるので、［OK］をクリックします❶。

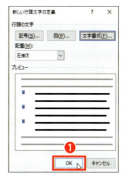

ワンポイント

行頭文字の書式を変更する

文字書式を設定した行頭文字を別の行頭文字の記号に変更すると、文字書式が引き継がれます。既定のサイズやフォントの色にしたい場合は、［新しい行頭文字の定義］ダイアログボックスの［文字書式］をクリックして設定しなおします。

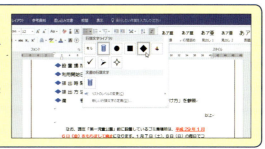

02 総会のお知らせ

切り取り線入りの申込書

完成ファイル　02総会のお知らせA_完成.docx
お助けファイル　02総会のお知らせA_お助け.docx

自治会の総会の案内文と委任状を用紙1枚に「総会のお知らせ」を作成します。
ここでは、委任状の部分を切り取って提出できるように、切り取り線の設定方法を解説します。

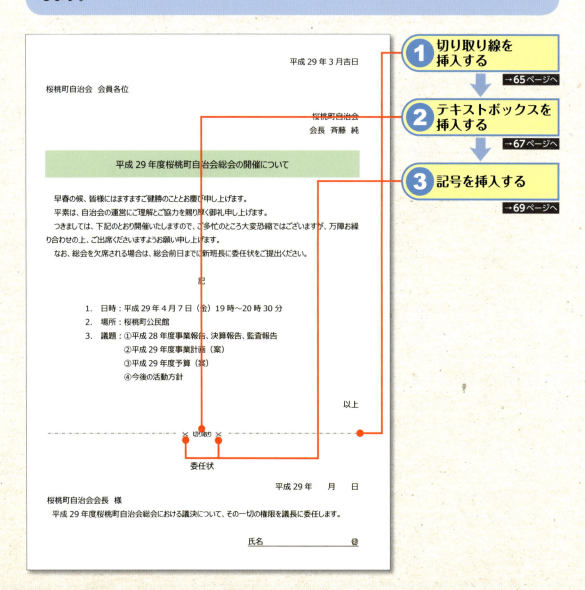

1 切り取り線を挿入する

01 作業用のファイルを開く

「02総会のお知らせA_お助け.docx」を開きます。このファイルには、あらかじめフォントサイズや段落番号、タイトルの塗りつぶしなどの書式を設定しています。

02 直線を選択する

［挿入］タブの［図］グループの［図形の作成］をクリックし❶、［線］グループの［直線］をクリックします❷。

03 直線を描画する

マウスポインターが＋になった状態で、27行目あたりを Shift キーを押しながらドラッグします❶。

+α
Shift キーを押しながらドラッグすると、水平方向、垂直方向にまっすぐ直線を描画できます。

04 色を変更する

作成した直線をクリックし❶、[描画ツール]の[書式]タブの[図形のスタイル]グループから[図形の枠線]の▼をクリックし❷、[テーマの色]グループから[黒、テキスト1]をクリックします❸。

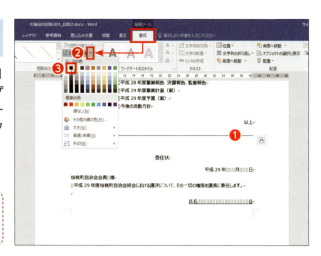

 作成した直線をクリックして選択しないと、[描画ツール]は表示されません。

05 線の種類を変更する

作成した直線をクリックし❶、[描画ツール]の[書式]タブの[図形のスタイル]グループから[図形の枠線]の▼をクリックして❷、[実線/点線]にマウスポインターを合わせ、[長二点鎖線]をクリックします❸。

作成済みの図形のサイズを変更する

直線やテキストボックスなど文書内に作成した図形をクリックすると、[サイズ変更ハンドル]の○が表示されます。[サイズ変更ハンドル]にマウスポインターを合わせ、になった状態でドラッグするとサイズを変更できます❶。なお、直線の[サイズ変更ハンドル]を Shift キーを押しながらドラッグすると、水平方向、垂直方向にまっすぐサイズを変更できます。

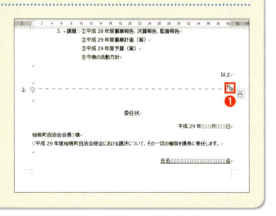

2 テキストボックスを挿入する

01 テキストボックスを挿入する

［挿入］タブの［図］グループの［図形の作成］をクリックし❶、［基本図形］グループの［テキストボックス］をクリックし❷、27行目に作成した直線の中央あたりをクリックします❸。テキストボックスが挿入されます。クリックではなくドラッグすると、ドラッグした長さによってテキストボックスの幅や高さが変わります。

02 テキストボックスに文字を入力する

前後で Space キーを押し、「□切り取り□」（注：□は空白）と入力します❶。文字の長さに合わせてテキストボックスの幅が広がります❷。

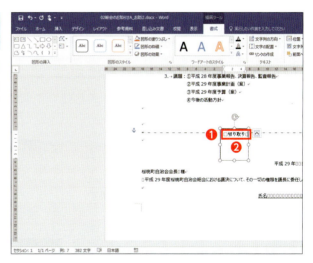

03 作業ウィンドウを表示する

［描画ツール］の［書式］タブの［図形のスタイル］グループから［図形の書式設定］をクリックすると❶、［図形の書式設定］作業ウィンドウが表示されます。［図形のオプション］をクリックして❷、［塗りつぶしと線］をクリックします❸。

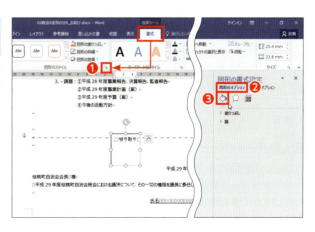

04 枠線を「なし」にする

[線]をクリックし❶、[線なし]を選択します❷。

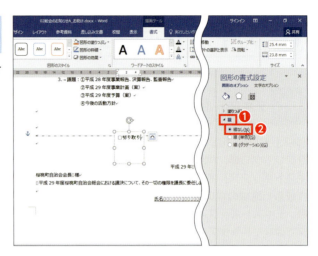

05 テキストボックスのサイズを自動調整する

[レイアウトとプロパティ]をクリックし❶、[テキストボックス]をクリックして❷、[テキストに合わせて図形のサイズを調整する]にチェックを付けます❸。

> 注意
> [図形内でテキストを折り返す]にチェックが付いている場合は、チェックをはずします。

06 文字の種類とサイズを変更する

作成したテキストボックスの枠線部分をクリックします❶。[ホーム]タブの[フォント]グループの[フォント]の▼をクリックして❷、[Meiryo UI]をクリックします❸。[フォントサイズ]の▼をクリックして、[8]をクリックします。

> 注意
> [図形の書式設定]作業ウィンドウの[閉じる]をクリックすると作業ウィンドウを閉じることができます。

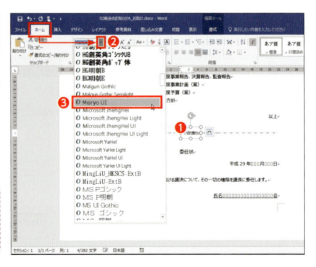

③ 記号を挿入する

01 テキストボックス内を選択する

テキストボックスの「□切り取り□」の先頭をクリックしてカーソルを表示し❶、[挿入] タブの [記号と特殊文字] グループの [記号の挿入] をクリックして❷、[ダイアログボックスから記号を挿入] をクリックします❸。

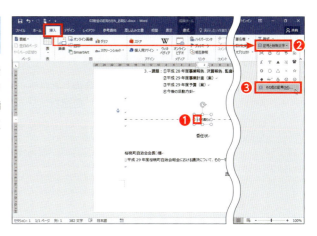

02 記号を選択する

[記号と特殊文字] ダイアログボックスが表示されるので、[フォント] の▼をクリックして [Wingdings] をクリックし❶、「✂」をクリックして❷、[挿入] をクリックします❸。

03 記号を挿入する

続けて「□切り取り□」の最後の空白文字の後ろをクリックしてカーソルを表示し❶、[記号と特殊文字] ダイアログボックスの [挿入] をクリックして記号を入力し❷、[閉じる] をクリックします❸。

 ▶▶▶ 作例のアレンジのしかた

図形を使わずに切り取り線をつくりたい

■ 記号を入力する

1 色付きの「✂」を入力する

27行目の先頭をクリックして「はさみ」と入力して変換し❶、候補から「✂」を選択して確定します❷。

2 文字を入力する

「切り取り」の前後で space キーを押し、「□切り取り□」と入力します❶。空白の前後に「✂」を入力します❷。

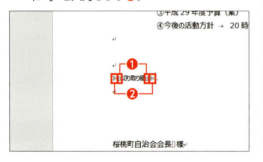

■「－」を入力して切り取り線をつくる

1 「－」を複数入力して中央揃えにする

27行目の先頭をクリックして半角で「－」を入力します。[ルーラー] の「16」と「18」の間あたりまで続けて入力します❶。[ホーム] タブの [段落] グループの [中央揃え] をクリックします❷。

2 「－」をコピーする

「－」をドラッグして選択し❶、範囲選択した部分にマウスポインターを合わせ、状態でCtrlキーを押しながら「✂□切り取り□✂」の後ろにドラッグし、マウスポインターがの状態で、マウスの左ボタンを離してからCtrlキーを離します❷。

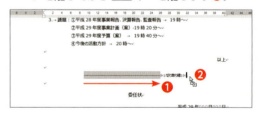

ワンポイント

罫線の自動変換

全角で「－」を3回以上入力して Enter キーで確定すると、破線ではなく「―――」のような罫線が入力されます。

捺印マークのように文字を囲みたい

■ ㊞をつくる

1 囲む文字を挿入する

34行目3桁目の「氏名」の後ろをクリックし❶、[ホーム] タブの [フォント] グループの [囲い文字] をクリックします❷。

2 囲む文字を挿入する

[囲い文字] ダイアログボックスが表示されるので、[スタイル] グループの [外枠のサイズを合わせる] をクリックします❶。[囲い文字] グループの [文字] から「印」をクリックして❷、[囲い文字] から「○」をクリックし❸、[OK] をクリックします❹。

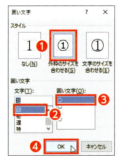

■ 独自の文字を囲む

1 文字を入力して選択する

32行目2桁目に「誓」と入力し、ドラッグして範囲選択します❶。[ホーム] タブの [フォント] グループの [囲い文字] をクリックします❷。

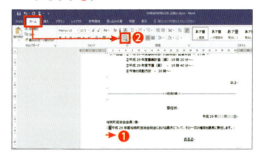

2 文字を囲むスタイルを選択する

[囲い文字] ダイアログボックスが表示されるので、[スタイル] グループの [文字のサイズを合わせる] をクリックします❶。[囲い文字] から「□」をクリックして❷、[OK] をクリックします❸。

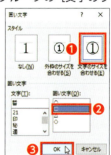

👉 ワンポイント

囲い文字の入力方法

[囲い文字] ダイアログボックスの [囲い文字] グループの [文字] テキストボックスに文字を入力して囲い文字を挿入することもできます。なお、囲い文字として設定できるのは、全角1文字か半角2文字です。

02 総会のお知らせ

行内の文字位置を指定したい

■ タブを挿入して文字の位置を設定する

1 タブを挿入する

34行目3桁目の「氏名」の後ろをクリックし❶、キーボードの Tab キーを押します。[氏名]のうしろにタブ記号が表示されます❷。タブ記号が表示されない場合は、[ホーム]タブの[段落]グループの[段落記号の表示/非表示]をクリックします。

2 [段落]ダイアログボックスを表示する

34行目内をクリックし❶、[ホーム]タブの[段落]グループの[段落の設定]をクリックします❷。

3 [タブとリーダー]ダイアログボックスを表示する

[段落]ダイアログボックスが表示されるので、[タブ設定]をクリックします❶。

4 タブ位置と配置を指定する

[タブとリーダー]ダイアログボックスが表示されるので、[タブ位置]に半角で「40」と入力します❶。[配置]グループで[右揃え]を選択して❷、[設定]をクリックし❸、[OK]をクリックします❹。

🖐 ワンポイント

タブ位置を解除する

タブ位置を解除する場合は、[タブとリーダー]ダイアログボックスの[タブ位置]リストボックスから解除する位置をクリックし、[クリア]をクリックします。[すべてクリア]をクリックすると、すべてのタブ位置が解除されます。タブを削除する場合は、文字の削除と同じように Delete キーや Back space キーを押して削除します。

■ 複数行に一度にタブ位置を設定する

1 [段落] ダイアログボックスを表示する

20行目の左余白にマウスポインターを合わせ、📄になった状態で23行目までドラッグして範囲選択し❶、[ホーム] タブの [段落] グループの [段落の設定] をクリックします❷。[段落] ダイアログボックスが表示されるので、[タブ設定] をクリックします❸。

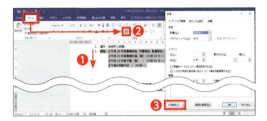

2 タブ位置と配置を指定する

[タブとリーダー] ダイアログボックスが表示されるので、[タブ位置] に半角で「40」と入力します❶。[配置] グループの [右揃え] を選択して❷、[設定] をクリックし❸、[OK] をクリックします❹。

> **ワンポイント**
>
> **タブ位置の種類**
>
> ひとつの段落に対して複数のタブ位置を設定し、タブ位置ごとに異なる配置を設定できます。
>
> | 主なタブの種類 | 位置 |
> | --- | --- |
> | 左揃えタブ | 文字列の左端を揃える |
> | 中央揃えタブ | 文字列の中央を揃える |
> | 右揃えタブ | 文字列の右端を揃える |
> | 小数点タブ | 小数点位置を揃える |

■ 設定済みのタブを変更する

1 タブの位置を変更する

20行目の左余白にマウスポインターを合わせ、📄になった状態で23行目までドラッグして範囲選択し❶、[ルーラー] の [40] に表示されている [右揃えタブ] ┘を [ルーラー] の [30] あたりまでドラッグします❷。ルーラーが表示されていない場合は、[表示] タブの [表示] グループの [ルーラー] にチェックを付けます。

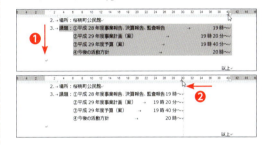

2 [タブとリーダー] ダイアログボックスを表示する

[ルーラー] の [30] あたりに表示されている [右揃えタブ] ┘をダブルクリックします❶。

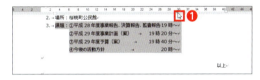

3 配置を変更してリーダーを設定する

[タブとリーダー] ダイアログボックスが表示されるので、[配置] グループで [左揃え] を選択します❶。[リーダー] グループの [(2)] を選択し❷、[設定] をクリックして❸、[OK] をクリックします❹。

02 総会のお知らせ

03 表を活用した書類 回覧板

| 完成ファイル | 03回覧板A_完成.docx |
| お助けファイル | 03回覧板A_お助け.docx |

確認済みの捺印欄のある回覧板を作成します。ここでは、表の挿入、表の行の高さの調整や塗りつぶしの色の設定方法を解説します。

1. 表を作成する
→75ページへ

2. 表の体裁を整える
→76ページへ

3. 表のスタイルを設定する
→78ページへ

1 表を作成する

01 作業用のファイルを開く

「03回覧板A_お助け.docx」を開きます。このファイルには、あらかじめ表や図形、ワードアートを挿入し、フォントサイズなどの書式を設定しています。

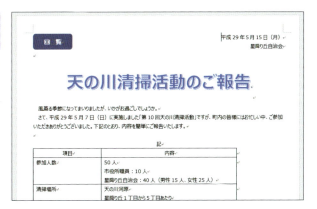

02 表を挿入する

31行目をクリックし、[挿入]タブの[表]グループの[表の追加]をクリックして❶、[表(4行×9列)]となるようにマス目をドラッグします❷。

8行×10列より大きい表を作成する

手順02の方法では、8行×10列までの表しか作成できません。9行×11列以上の表を作成するには、[挿入]タブの[表]グループの[表の追加]をクリックし❶、[表の挿入]をクリックします❷。[表の挿入]ダイアログボックスの[表のサイズ]グループの[列数]の▲と[行数]の▲をクリックして数値を指定します❸。

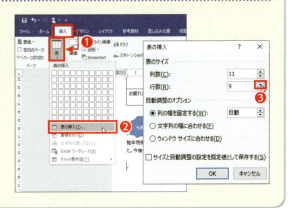

❷ 表の体裁を整える

01 行の高さを設定する

表の2行目のセル内をクリックし❶、[表ツール]の[レイアウト]タブをクリックし、[セルのサイズ]グループから[行の高さの設定]の▲をクリックして[15mm]に設定します❷。同じ手順で表の4行目を[15mm]に設定します。

02 列を挿入する

表の上部の列と列の間にマウスポインターを合わせ、⊕をクリックします❶。

> **+α**
> 列や行を削除するには、表内のセルをクリックし[表ツール]の[レイアウト]タブをクリックし[行と列]グループの[表の削除]をクリックし、[列の削除]や[行の削除]をクリックします。

行を挿入する

行を挿入するには、表の左側の行と行の間にマウスポインターを合わせ、表示される⊕をクリックします❶。

03 行を選択する

表の1行目の左余白にマウスポインターを合わせ、becomes になった状態でクリックし❶、Ctrlキーを押しながら表の3行目にマウスポインターを移動し、becomes になった状態でクリックします❷。

04 セルに色を設定する

[表ツール]の[デザイン]タブの[表のスタイル]グループから[塗りつぶし]の▼をクリックし❶、「青、アクセント1、白＋基本色80％」をクリックします❷。

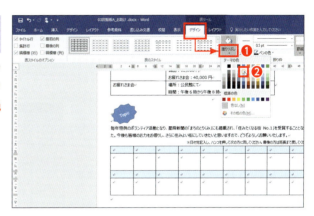

表や列、セルを選択する

表全体を選択する場合は、表内にマウスポインターを合わせ、 が表示されたらクリックします❶。列全体を選択する場合は、選択する列の外枠部分にマウスポインターを合わせ、↓になった状態でクリックします❷。マウスポインターが↓の状態でドラッグすると複数列を選択できます。セルを選択する場合は、セル内にマウスポインターを合わせ、 になった状態でクリックします❸。マウスポインターが の状態でドラッグすると複数のセルを選択できます。

❸ 表のスタイルを設定する

01 スタイルの一覧を表示する

表内の任意の箇所をクリックし❶、[表ツール]の[デザイン]タブの[表のスタイル]グループから[その他]をクリックします❷。

02 スタイルを選択する

[グリッドテーブル]グループの[グリッド(表)5 濃色-アクセント5]をクリックします❶。

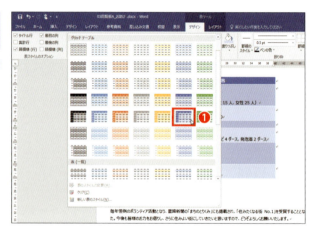

03 表全体を中央に配置する

表内にマウスポインターを合わせると表示される[表の選択]⊞をクリックして表全体を選択し❶、[ホーム]タブの[段落]グループの[中央揃え]をクリックします❷。

▶▶▶ 作例のアレンジのしかた

書類番号を追加したい

ページ番号を追加する

1 ページ番号を選択する

［挿入］タブの［ヘッダーとフッター］グループの［ページ番号の追加］をクリックし❶、［ページの下部］にマウスポインターを合わせ［番号のみ2］をクリックします❷。

2 ページ番号の書式を変更する

［ヘッダー／フッターツール］の［デザイン］タブの［ヘッダーとフッター］グループから［ページ番号の追加］をクリックし❶、［ページ番号の書式設定］をクリックします❷。

3 番号書式を選択する

［ページ番号の書式］ダイアログボックスが表示されるので［番号書式］から［Ⅰ, Ⅱ, Ⅲ, …］をクリック❶、［OK］をクリックします❷。

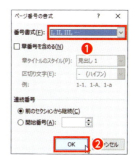

4 フッターの編集を終了する

［ヘッダー／フッターツール］の［デザイン］タブの［閉じる］グループから［ヘッダーとフッターを閉じる］をクリックします❶。

ワンポイント

飾り枠付きページ番号

飾り枠付きのページ番号を挿入するには、［挿入］タブの［ヘッダーとフッター］グループの［ページ番号の挿入］をクリックし❶、［ページの下部］の一覧から［リボン］や［モザイク］などをクリックします❷。

発行日や発行者を追加したい

ヘッダーに日付を挿入する

1 ヘッダー領域を表示する

[挿入]タブの[ヘッダーとフッター]グループの[ヘッダーの追加]をクリックし❶、[ヘッダーの編集]をクリックします❷。

2 発行日を挿入する

ファイルを開くたびに更新する日付を挿入します。[ヘッダー／フッターツール]の[デザイン]タブの[挿入]グループから[日付と時刻]をクリックします❶。

3 日付の表示形式を選択する

[日付と時刻]ダイアログボックスが表示されるので、[言語の選択]から[日本語]をクリックし❶、[カレンダーの種類]から[和暦]をクリックします❷。

4 日付の表示形式を選択する

[表示形式]から本日の日付と曜日の[平成29年5月15日（月）]をクリックし❶、[自動的に更新する]にチェックを付け❷、[OK]をクリックします❸。

ワンポイント 更新しない日付を挿入する

[自動的に更新する]のチェックを付けると、ファイルを開くたびに日付が更新されます。日付の更新をせずに、ファイルを作成した日付を固定するには、[自動的に更新する]のチェックをはずします❶。[自動的に更新する]のチェックをはずすと、[全角文字を使う]が表示されます。[全角文字を使う]にチェックを付けると❷、日付を全角で挿入できます。

■ 文字を入力して書式を設定する

1 文字を入力する

挿入した日付の後ろに「星降り丘自治会」と文字を入力します❶。ヘッダーの余白部分にマウスポインターを合わせ、の状態でクリックして選択します❷。

2 書式を設定する

[ホーム]タブの[フォント]グループの[フォント]の▼をクリックし❶、[HG丸ゴシックM-PRO]をクリックします❷。

■ ヘッダーにタブ位置を設定する

1 右揃えタブを挿入する

「星降り丘自治会」の「星」の前をクリックし❶、[ヘッダー/フッターツール]の[デザイン]タブの[位置]グループの[整列タブの挿入]をクリックします❷。

2 文字列をヘッダーの右に配置する

[整列タブ]ダイアログボックスが表示されるので、[配置]グループの[右揃え]を選択し❶、[配置の基準:]から[余白]をクリックして❷、[リーダー]グループの[なし(1)]を選択し❸、[OK]をクリックします❹。

> **ワンポイント**
>
> **全ページに同じヘッダーが表示される**
>
> 複数ページの文書の場合、2ページ目以降にも設定したヘッダーやフッターが表示されます。ページ番号を挿入した場合は連番で表示されます。なお、設定したヘッダーやフッターは文書中の文字と同じように[Delete]キーや[Back space]キーで削除できます。
>
> **ヘッダーとフッターを続けて編集する**
>
> ヘッダーに続けてフッターを編集するには、[ヘッダー/フッターツール]の[デザイン]タブの[ナビゲーション]グループから[フッターに移動]をクリックします❶。ヘッダーやフッターの編集を閉じずに、カーソルがフッターに移動します。
>
>

透かし文字を追加したい

透かしを追加／削除する

1 透かしを選択する

[デザイン] タブの [ページの背景] グループの [透かし] をクリックし❶、[至急1] をクリックします❷。

2 透かしを削除する

[デザイン] タブの [ページの背景] グループの [透かし] をクリックし❶、[透かしの削除] をクリックします❷。

ギャラリーにない文字を透かしにする

1 [透かし] ダイアログボックスを表示する

[デザイン] タブの [ページの背景] グループの [透かし] をクリックし❶、[ユーザー設定の透かし] をクリックします❷。

2 組み込み文字を選択する

[透かし] ダイアログボックスが表示されるので、[テキスト] を選択します❶。[テキスト] から [回覧] をクリックして❷、[OK] をクリックします❸。

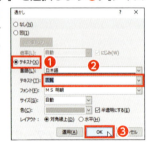

ワンポイント

写真やイラストを透かしにする

[透かし] ダイアログボックスの [図] を選択し、[図の選択] をクリックして図を選択すると、パソコン内の図やオンライン上の図を透かしとして追加できます。

■ オリジナルの透かしを作成する

1 透かしにする文字を入力する

［デザイン］タブの［ページの背景］グループの［透かし］をクリックし❶、［ユーザー設定の透かし］をクリックします❷。［テキスト］を選択し❸、［テキスト］の［回覧］を削除して「星降り丘自治会」と入力します❹。

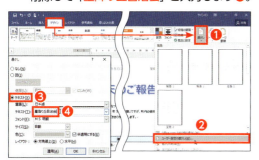

2 フォント、色を設定する

［フォント］から［HG丸ゴシックM-PRO］をクリックし❶、［色］から［オレンジ、アクセント2］をクリックし❷、［OK］をクリックします❸。

■ 透かしの配置や傾きなどを変更する

1 ヘッダー領域を表示する

［挿入］タブの［ヘッダーとフッター］グループの［ヘッダーの追加］をクリックし❶、［ヘッダーの編集］をクリックします❷。

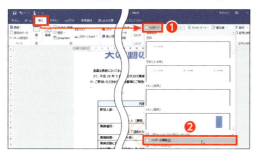

2 配置や傾きなどを変更する

追加した透かしをクリックすると［サイズハンドル］が表示されます❶。マウスポインターが の状態でドラッグして移動します❷。サイズを変更するときは［サイズハンドル］にマウスポインターを合わせ、マウスポインターが の状態でドラッグします❸。回転するときは［回転ハンドル］をドラッグして傾きを調整します❹。

04 交通安全のお知らせ

地図入りの案内

完成ファイル　04交通安全のお知らせA_完成.docx
お助けファイル　04交通安全のお知らせA_お助け.docx

交通指導の場所がひと目でわかる地図入りの「交通安全のお知らせ」を作成します。ここでは、かんたんな図形を組み合わせて、見やすい地図を作成する方法を解説します。

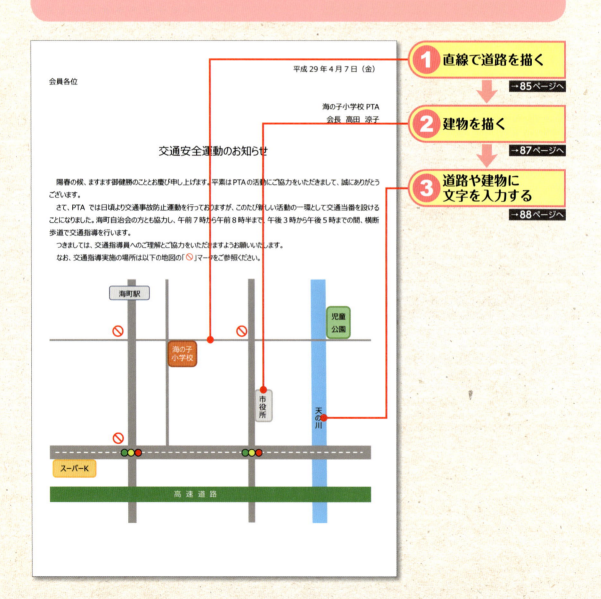

1. 直線で道路を描く　→85ページへ
2. 建物を描く　→87ページへ
3. 道路や建物に文字を入力する　→88ページへ

1 直線で道路を描く

01 作業用のファイルを開く

「04交通安全のお知らせA_お助け.docx」を開きます。このファイルには、あらかじめ文書に書式を設定し、描画キャンバスや図形が挿入されています。

+α
描画キャンバスは、[挿入] タブの [図] グループの [図形の作成] をクリックし、[新しい描画キャンバス] をクリックして対角線上にドラッグして描画します。

02 道路を作成する

描画キャンバスの中をクリックし❶、[挿入] タブの [図] グループの [図形の作成] をクリックして❷、[線] グループの [直線] をクリックし❸、マウスポインターが+になった状態で Shift キーを押しながらドラッグします❹。

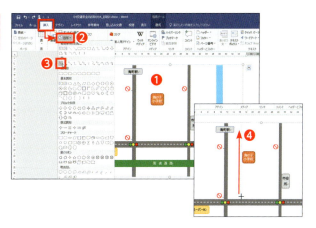

03 [図形の書式設定] 作業ウィンドウを表示する

作成した直線をクリックし❶、[描画ツール] の [書式] タブの [図形のスタイル] グループから [図形の書式設定] をクリックします❷。表示される [図形の書式設定] 作業ウィンドウの [塗りつぶしと線] をクリックし❸、[線] をクリックします❹。

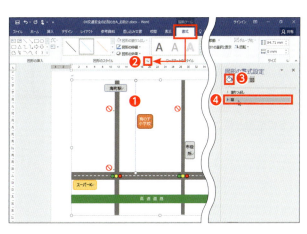

04 線の色と太さを変更する

[線（単色）]を選択し❶、[輪郭の色]をクリックして❷、[白、背景1、黒＋基本色50%]をクリックし❸、[幅]の▲をクリックして[4.5]に設定します❹。

> **+α**
> [描画ツール]の[書式]タブの[図形のスタイル]グループの[図形の塗りつぶし]や[図形の枠線]でも塗りつぶしの色、線の色、線の太さ、線の種類などの変更ができます。

05 直線をコピーする

作成した直線をクリックし❶、Ctrlキーとshiftキーを押しながら描画した直線を右方向にドラッグしてコピーします❷。

> **+α**
> 描画キャンバスをコピー、移動すると描画キャンバスの内の図形も一緒にコピー、移動します。なお、描画キャンバスを使用しなくても、文書中の任意の個所に直線などの図形を挿入できます。

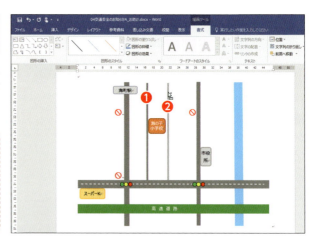

06 直線を回転して配置する

作成した直線をクリックし❶、[幅]を[2.75]に変更します❷。[描画ツール]の[書式]タブの[配置]グループから[オブジェクトの回転]をクリックし❸、[右へ90度回転]をクリックします❹。「海の子小学校」の上になるように位置と長さを調整します❺。

② 建物を描く

01 角丸四角形を作成する

描画キャンバスの中をクリックし❶、[挿入] タブの [図] グループの [図形の作成] をクリックして❷、[基本図形] グループの [四角形：角を丸くする] をクリックし❸、マウスポインターが＋になった状態で対角線上にドラッグします❹。

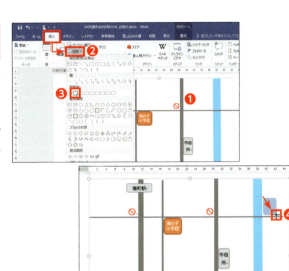

02 塗りつぶしの色を変更する

[図形の書式設定] 作業ウィンドウの [塗りつぶしと線] をクリックし❶、[塗りつぶし] をクリックします❷。[塗りつぶし（単色）] を選択し❸、[塗りつぶしの色] をクリックして❹、[その他の色] をクリックします❺。[色の設定] ダイアログボックスが表示されるので [標準] タブをクリックし❻、明るめの緑色をクリックして❼、[OK] をクリックします❽。

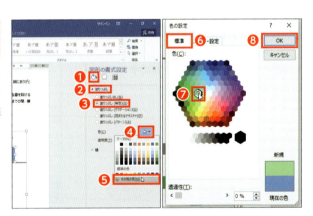

03 線の色と太さを変更する

[線] をクリックして [線（単色）] を選択し❶、[輪郭の色] をクリックして [緑、アクセント6] をクリックします❷。[幅] の▲をクリックして [2.25] に設定します❸。

③ 建物や道路に文字を入力する

01 図形に文字を入力する

作成した角丸四角形をクリックし❶、「児童公園」と入力します❷。

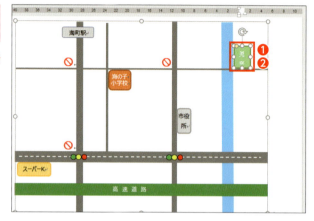

02 図形内の余白を調整する

[図形の書式設定] 作業ウィンドウの [図形のオプション] をクリックして❶、[レイアウトとプロパティ] をクリックし❷、[テキストボックス] をクリックします❸。[左余白] [右余白] [上余白] [下余白] のそれぞれの▼をクリックして [0] にします❹。

03 フォントやフォントの色を設定する

作成した角丸四角形の枠線部分をクリックし❶、[ホーム] タブの [フォント] グループの [フォント] の▼をクリックして❷、[Meiryo UI] をクリックします❸。[フォントの色] の▼をクリックして [黒、テキスト1] をクリックします❹。

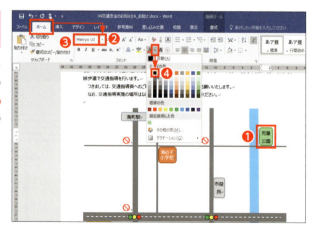

04 縦書きに変更する

作成済みの角丸四角形[市役所]の外枠をクリックし❶、[描画ツール]の[書式]タブの[テキスト]グループから[文字列の方向]をクリックし❷、[縦書き]をクリックします❸。

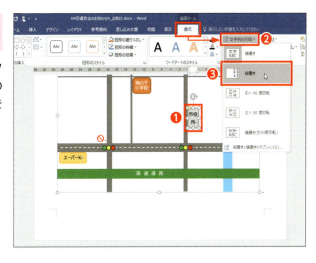

05 縦書きテキストボックスに文字を入力する

[挿入]タブの[図]グループの[図形の作成]をクリックし❶、[基本図形]グループの[縦書きテキストボックス]をクリックし❷、マウスポインターが+になった状態で対角線上にドラッグします❸。カーソルが点滅するので「天の川」と入力します❹。テキストボックスの外枠をクリックし、フォントを[Meiryo UI]に設定します。

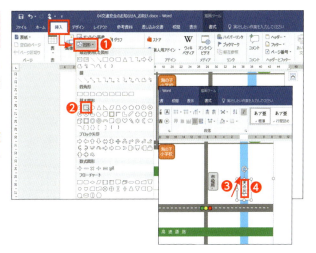

06 塗りつぶしと線の色を透明にする

[図形の書式設定]作業ウィンドウの[図形のオプション]をクリックし❶、[塗りつぶしと線]ボタンをクリックします❷。[塗りつぶし]をクリックし❸、[塗りつぶしなし]を選択します❹。[線]をクリックし❺、[線なし]を選択します❻。

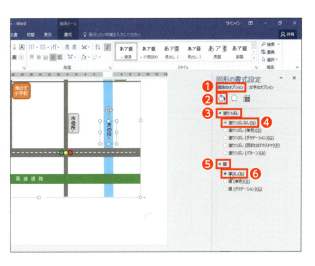

▶▶▶ 作例のアレンジのしかた

ああしたい！
こうしたい！

曲線で線路を描きたい

■ 曲線を描画する

1 曲線を選択する

描画キャンバス内をクリックし❶、[挿入] タブの[図]グループの[図形の作成]をクリックし❷、[線]グループの[曲線]をクリックします❸。

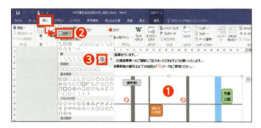

2 曲がり角まで描く

マウスポインターが＋の状態で、曲線の始点とする左上あたりをクリックし❶、曲がり角をクリックします❷。

3 曲線を描く

曲線の終点でダブルクリックします❶。

ワンポイント

連続して同じ図形を作成する

同じ図形を続けて描く場合は、[挿入]タブの[図]グループの[図形の作成]をクリックし、描画する図形を右クリックして[描画モードのロック]をクリックします。Escキーを押すまで、続けて描画できます。

図形の頂点を編集する

曲線を選択し、[描画ツール]の[書式]タブの[図形の挿入]グループの[図形の編集]をクリックし、[頂点の編集]をクリックすると、曲がり角に指定した部分が頂点の調整ハンドルが表示されます。頂点をドラッグすると曲がり角を移動し、曲線上をドラッグすると頂点を追加できます。Ctrlキーを押しながら頂点をクリックすると曲がり角を削除できます。

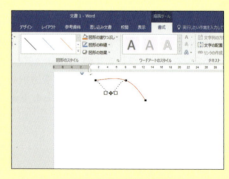

曲線の色と太さを変更する

1 [図形の書式設定] 作業ウィンドウを表示する

作成した曲線をクリックし❶、[描画ツール] の [書式] タブの [図形のスタイル] グループから [図形の書式設定] をクリックします❷。

2 線の色と太さを変更する

[図形の書式設定] 作業ウィンドウの [塗りつぶしと線] の [線] グループから [線（単色）] を選択し❶、[輪郭の色] の▼をクリックして [黒、テキスト1] をクリックし❷、[幅] の▲をクリックして [12] に設定します❸。

曲線をコピーして書式を設定する

1 曲線をコピーする

作成した曲線をクリックし❶、Ctrlキーを押しながらDキーを押します❷。

2 コピーした曲線の種類を変更する

コピーした曲線をクリックし❶、[図形の書式設定] 作業ウィンドウの [塗りつぶしと線] の [線] グループから [線（単色）] を選択し❷、[実線／点線] の▼をクリックして [点線（丸）] をクリックします❸。

3 コピーした曲線の色と幅を設定する

[図形の書式設定] 作業ウィンドウの [塗りつぶしと線] の [線] グループから [線（単色）] の [輪郭の色] の▼をクリックして [白、背景1] をクリックし❶、[幅] の▼をクリックして [10] に設定します❷。コピーして点線に変更した曲線をクリックし、コピー元の曲線に重ねるように移動します。↑キーや←キーなどの矢印キーを使用すると、位置を微調整できます。

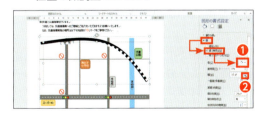

2つの曲線をひとつにまとめて線路をつくる

1 [選択] 作業ウィンドウを表示する

[ホーム] タブの [編集] グループの [選択] をクリックし❶、[オブジェクトの選択と表示] をクリックします❷。

2 2つの曲線を同時に選択する

[フリーフォーム：図形14] をクリックし❶、Ctrlキーを押しながら [フリーフォーム：図形29] をクリックします❷。[フリーフォーム：図形14] などの名前は自動的に設定されるので、図形を追加する順番によっては別の番号になります。

3 グループ化する

[フリーフォーム：図形14] と [フリーフォーム：図形29] が選択されている状態で❶、[描画ツール] の [書式] タブの [配置] グループの [オブジェクトのグループ化] をクリックし❷、[グループ化] をクリックします❸。

4 曲線を移動する

グループ化した曲線をクリックし❶、駅の図形に重なるように移動します❷。

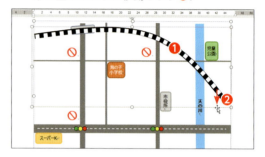

5 駅の図形を線路の上に配置する

[選択] 作業ウィンドウの [四角形：角を丸くする10] をクリックし❶、[描画ツール] の [書式] タブの [配置] グループの [前面へ移動] の▼をクリックして❷、[最前面へ移動] をクリックします❸。

ワンポイント

グループ化を解除する

[描画ツール] の [書式] タブの [配置] グループの [オブジェクトのグループ化] をクリックし [グループ解除] をクリックすると、グループ化してひとつにまとめた図形のグループ化を解除できます。

作成済みの図形を変更したい

■ テキストボックスを吹き出しに変更する

1 複数のテキストボックスを一度に変更する

［選択］作業ウィンドウの［テキストボックス 17］をクリックし、［テキストボックス 18］、［テキストボックス 19］を Ctrl キーを押しながらクリックして3つのテキストボックスを同時に選択します❶。［描画ツール］の［書式］タブの［図形の挿入］グループの「図形の編集」をクリックして❷、［図形の変更］にマウスポインターを合わせ、［吹き出し］グループの［吹き出し：円形］をクリックします❸。

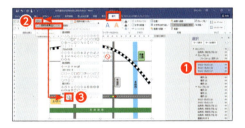

2 吹き出しの書式を変更する

［描画ツール］の［書式］タブの［図形のスタイル］グループから［図形の書式設定］をクリックします❶。［図形の書式設定］作業ウィンドウの［塗りつぶしと線］をクリックし❷、［線］をクリックします❸。［線（単色）］を選択し❹、［輪郭の色］の▼をクリックして［黄］をクリックします❺。［幅］の▲をクリックし［3］に設定します❻。

3 吹き出し口を変更する

吹き出し口の操作は、複数同時に行うことはできません。 Esc キーを押して吹き出しの選択を解除し、別の吹き出しの外枠をクリックします❶。［変形ハンドル］○にマウスポインターを合わせ、マウスポインターが▷の状態で四つ角にくるようにドラッグします❷。同様に、ほかの吹き出し口も四つ角にくるように調整します。

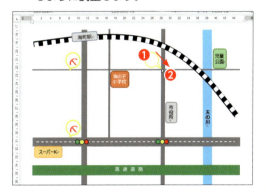

4 複数の吹き出しのサイズを一度に変更する

3つの吹き出しを選択し❶、［サイズハンドル］にマウスポインターを合わせ、 の状態でドラッグしてサイズを変更します❷。

05 一斉清掃のチラシ

イラストや画像を使ったチラシ

| 完成ファイル | 05一斉清掃のチラシA_完成.docx |
| お助けファイル | 05一斉清掃のチラシA_お助け.docx |

無料で使用できるオンライン画像を挿入して「一斉清掃のチラシ」を作成しましょう。ここでは、オンライン画像の挿入方法やサイズ変更、移動、不要な部分の削除方法を解説します。

1. オンライン画像を挿入する → 95ページへ
2. 画像を配置して大きさを調整する → 97ページへ
3. 画像の不要な部分を削除する → 99ページへ

1 オンライン画像を挿入する

01 作業用のファイルを開く

「05一斉清掃のチラシA_お助け.docx」を開きます。このファイルには、文書のタイトル、吹き出しの図形、爆発の図形、四角形、テキストボックス、フッターなどが設定されています。

02 オンライン画像を挿入する

2行目の先頭をクリックし❶、[挿入] タブの[図] グループの [オンライン画像] をクリックします❷。[画像の挿入] ダイアログボックスが表示されます。

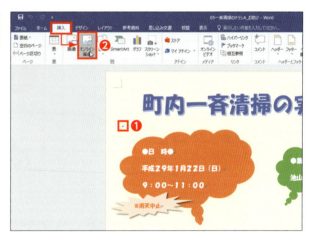

03 キーワードを入力する

[Bing イメージ検索] 欄に「ゴミ拾い」と入力して❶、[検索] をクリックします❷。入力したキーワードに該当する写真やイラストが表示されます。

04 イラストを選択する

適当なイラストの左上に表示されているチェックボックスをクリックしてチェックを付け❶、[挿入]をクリックします❷。

> **注意**
> オンライン画像は右の画面と同じものが表示されるとは限りません。

05 イラストが挿入される

選択したイラストが入力カーソルの位置に挿入されます❶。

> **注意**
> オンライン画像を使用する場合には、その著作権や利用規約などを確認して、用途に応じて使用するようにしましょう。

クリエイティブ・コモンズ・ライセンス（CCライセンス）とは

オンライン画像を挿入するダイアログボックスには、「これらはクリエイティブ・コモンズ・ライセンスのタグ付きです。ライセンスをよく読み、準拠していることを確認してください。」と表示されています。このクリエイティブ・コモンズ・ライセンスとは著作権ルールのことで、作品を公開する作者が「この条件を守れば私の作品を自由に使って構いません。」という意思表示をするためのツールです。

CCライセンスの種類	意味
（表示）	原作者のクレジット※を表示すると、改変はもちろん、営利目的での二次利用もできる。
（表示－継承）	原作者のクレジットを表示すると、改変しても「表示－継承」のライセンスのままで営利目的での二次利用もできる。
（表示－改変禁止）	原作者のクレジットを表示し、元の作品を改変しなければ、営利目的で利用（転載、コピー、共有）できる。
（表示－非営利）	原作者のクレジットを表示すると、非営利目的に限り、改変したり再配布したりすることができる。
（表示－非営利－継承）	原作者のクレジットを表示すると、非営利目的に限り、改変したり再配布したりすることができるが、改変を行った際には（表示－非営利－継承）のライセンスを使用しなければならない。
（表示－非営利－改変禁止）	原作者のクレジットを表示すると、非営利目的で、元の作品を改変しなければ、作品を自由に利用できる。

※原作者の氏名や作品タイトルなど

❷ 画像を配置して大きさを調整する

01 [レイアウトオプション]を変更する

画像の右上に表示されている[レイアウトオプション]をクリックします❶。[レイアウトオプション]メニューが表示されます。

02 イラストを前面に表示する

[文字列の折り返し]グループの[前面]をクリックし❶、[レイアウトオプション]メニューの[閉じる]をクリックします❷。イラストが文書の前面に表示されます。

03 イラストのサイズを変更する

イラストの右上に表示されているハンドルにマウスポインターを合わせ❶、適当な位置までドラッグします❷。

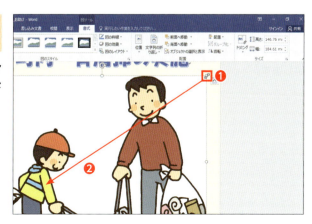

04 イラストのサイズを確定する

イラストが適当な大きさになったところで、マウスボタンから指を離します❶。イラストのサイズが確定されます。

+α
イラストをサイズ変更する場合、上下左右のハンドルを使うと、イラストの縦横比が変わってしまいますが、四隅のハンドルを使うと、縦横比はそのままにしてサイズを変更することができます。

05 イラストを移動する

イラスト上にマウスポインターを合わせ❶、3つの吹き出しの中央あたりまでドラッグします❷。

06 イラストの位置が確定する

イラストが吹き出しの中央に来たら、マウスボタンから指を離します❶。イラストの位置が確定します。

3 画像の不要な部分を削除する

01 [背景の削除] を選択する

イラストを選択した状態で、[図ツール] の [書式] タブの [調整] グループの [背景の削除] をクリックします❶。

02 残しておくイラストの範囲を広げる

イラストの中に表示されるハンドル○をドラッグして❶、残しておきたいイラストがすべて含まれるように囲みます。

03 削除する部分を調整する

紫色の部分が削除されるので、[図ツール] の [背景の削除] タブの [設定し直す] グループの [保持する領域としてマーク] をクリックします❶。イラストの残しておきたい部分をドラッグして選択し❷、[閉じる] グループの [変更を保持] をクリックします❸。イラストの背景が消えます。

▶▶▶ 作例のアレンジのしかた

写真を使いたい

■ 写真を挿入する

1 写真を挿入する

2行目の先頭をクリックし❶、［挿入］タブの［図］グループの［画像］をクリックします❷。［図の挿入］ダイアログボックスが表示されます。

2 写真を選択する

写真を保存しているフォルダーを開いてから、挿入したい写真をクリックして選択し❶、［挿入］をクリックします❷。文書に写真が挿入されます。

3 写真を背面に表示する

画像の右上に表示されている［レイアウトオプション］をクリックします❶。［レイアウトオプション］メニューの［文字列の折り返し］グループの［背面］をクリックし❷、［レイアウトオプション］メニューの［閉じる］をクリックします❸。写真が背面に表示されます。

4 写真のサイズと位置を変更する

写真の右上に表示されているハンドルをドラッグしてサイズを変更し❶、写真をドラッグして適当な位置に移動します❷。

写真の一部を切り取る

1 トリミングを選択する

［図ツール］の［書式］タブの［サイズ］グループの［トリミング］をクリックします❶。写真の上下左右、四隅に表示されているハンドルが黒い太線に変わります。

2 不要な部分をカットする

カットしたい部分に表示されているハンドルにマウスポインターを合わせ、形状が ━ などに変わったら❶、ドラッグして不要な部分をカットします❷。

3 カットした部分を確定する

写真以外の部分をクリックして❶、トリミングを確定します。

4 不要な部分がカットされた

灰色になっていた部分がカットされます（トリミングは何度でもやり直しできます）。

👉 ワンポイント

図形の形に写真をトリミングする

写真をクリックして選択し、［図ツール］の［書式］タブの［サイズ］の［トリミング］の下の［▼］をクリックし❶、［図形に合わせてトリミング］にマウスポインターを合わせ❷、好きな図形をクリックします❸。図形が選択した形でトリミングされます❹。

■ 視覚効果を付ける

1 写真のスタイルを変更する

写真をクリックして選択し❶、[図ツール] の [書式] タブの [図のスタイル] グループの [その他] をクリックします❷。スタイルの一覧が表示されます。

2 スタイルを選択する

[回転、白] をクリックします❶。写真に白い枠が付き、回転して斜めに表示されます。

3 枠線の幅を変更する

[図ツール] の [書式] タブの [図のスタイル] グループの [図の枠線] をクリックし❶、[太さ] にマウスポインターを合わせ❷、[6 pt] をクリックします❸。写真の枠線の幅が変わります。

4 写真の位置を移動する

写真をドラッグして3つの吹き出しの図形の中央に移動します❶。

5 写真の色合いを変更する

[図ツール]の[書式]タブの[調整]グループの[色]をクリックし❶、[色の彩度]グループの[彩度: 200%]をクリックします❷。写真の色が鮮やかになります。

6 写真にアート効果を付ける

[図ツール]の[書式]タブの[調整]グループの[アート効果]をクリックし❶、[ペイント: ブラシ]をクリックします❷。写真がブラシで描いたようになります。

7 写真の影を変更する

[図ツール]の[書式]タブの[図のスタイル]グループの[図の効果]をクリックし❶、[影]にマウスポインターを合わせ❷、[オフセット: 中央]をクリックします❸。右下にあった影が全体に表示されます。

8 写真を下に反射させる

[図ツール]の[書式]タブの[図のスタイル]グループの[図の効果]をクリックし❶、[反射]にマウスポインターを合わせ❷、[反射(強): 8 ptオフセット]をクリックします❸。写真が下方向に反射します。

ワンポイント

その他の画像の調整

[図ツール]の[書式]タブの[調整]グループの[修正]をクリックすると、一覧から[シャープネス]や[明るさ/コントラスト]を選択することができます。

目立つ文字を使いたい

■ ワードアートに変更する

1 文字列をワードアートに変更する

1行目の文字列を選択し❶、［挿入］タブの［テキスト］グループの［ワードアート］をクリックし❷、［塗りつぶし：青、アクセントカラー5; 輪郭: 白、背景色1; 影（ぼかしなし）: 青、アクセントカラー5］をクリックします❸。

2 ワードアートを前面に表示する

ワードアートの右上に表示されている［レイアウトオプション］をクリックします❶。［レイアウトオプション］メニューの［文字列の折り返し］グループの［前面］をクリックし❷、［レイアウトオプション］メニューの［閉じる］をクリックします❸。ワードアートが前面に表示されます。

3 ワードアートを中央に配置する

［描画ツール］の［書式］タブの［配置］グループの［配置］をクリックし❶、［左右中央揃え］をクリックします❷。ワードアートが中央に移動します。

> **ワンポイント**
>
> **ワードアートを一から作成する**
>
> 今回は入力済みの文字列をワードアートに変更しましたが、文字列を選択せずに［挿入］タブの［テキスト］グループの［ワードアート］をクリックして、あとから文字列を入力することもできます。
>
>

ワードアートの形を変える

1 ワードアートのフォントサイズを変更する

ワードアートの枠線をクリックしてワードアートを選択してから［ホーム］タブの［フォント］グループの［フォントサイズ］の右の［▼］をクリックし❶、［72］をクリックします❷。

2 ワードアートを変形する

［描画ツール］の［書式］タブの［ワードアートのスタイル］グループの［文字の効果］をクリックし❶、［変形］にマウスポインターを合わせ❷、［アーチ］をクリックします❸。文字列が枠線に合わせてアーチ型に配置されます。

3 ワードアートに光彩を付ける

［描画ツール］の［書式］タブの［ワードアートのスタイル］グループの［文字の効果］をクリックし❶、［光彩］にマウスポインターを合わせ❷、［光彩: 11 pt; 青、アクセントカラー 5］をクリックします❸。文字列に光彩が付きます。

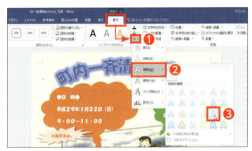

4 行を挿入する

1行目をクリックして❶、［Enter］キーを押します。ワードアートの下に1行挿入されます。

5 ワードアートを移動する

ワードアートの枠線を下方向にドラッグします❶。

06 自治会加入規約

見開きで印刷する規約文書

| 完成ファイル | 06自治会加入規約A_完成.docx |
| お助けファイル | 06自治会加入規約A_お助け.docx |

A4サイズの見開きで印刷する「自治会加入規約」を作成しましょう。ここでは、同じ書式の何度も使用する部分をスタイルとして作成し、両面印刷にすると裏と表で余白が同じ位置にくる見開きの文書を作成する方法を解説します。

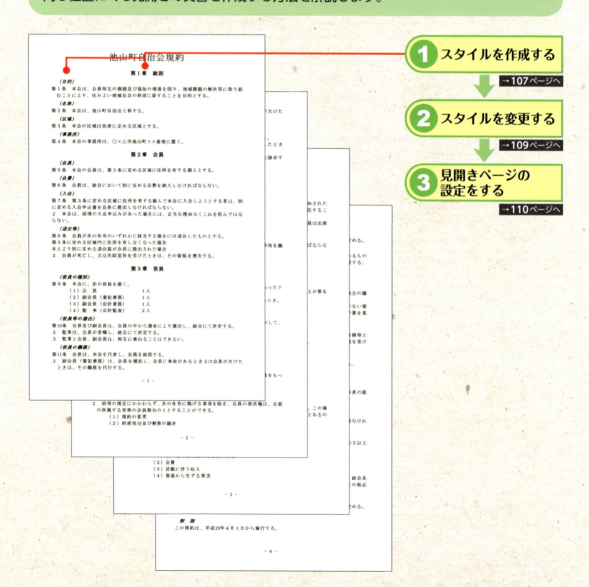

1 スタイルを作成する
→107ページへ

2 スタイルを変更する
→109ページへ

3 見開きページの設定をする
→110ページへ

① スタイルを作成する

01 作業用のファイルを開く

「06自治会加入規約A_お助け.docx」を開きます。このファイルでは用紙サイズは「A4」、余白は「上下左右20mm」で設定されており、1行目、3行目、4行目には書式が設定されています。

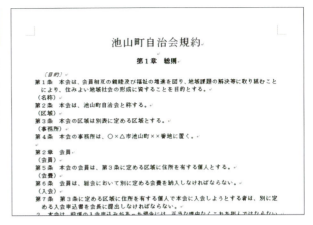

02 3行目を範囲選択する

文書左側にある余白部分の3行目にあたる部分をクリックして3行目全体を選択します❶。[ホーム] タブの [スタイル] グループの [その他] をクリックします❷。

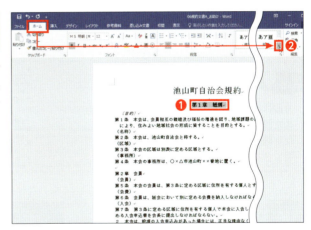

03 [書式から新しいスタイルを作成] ダイアログボックスを表示する

[スタイルの作成] をクリックします❶。[書式から新しいスタイルを作成] ダイアログボックスが表示されます。

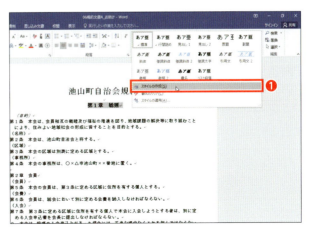

04 スタイルに名前を付ける

[名前] 欄に「大見出し」と入力し❶、[OK] をクリックします❷。
同様にして、4行目に「小見出し」という名前でスタイルを作成します。

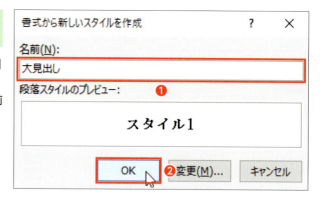

05 「大見出し」のスタイルを適用する

「第2章　会員」と入力されている14行目をクリックし❶、[ホーム] タブの [スタイル] グループの [大見出し] をクリックします❷。
同様にして、29行目の「第3章　役員」から4ページ30行目の「第8章　雑則」までに「大見出し」のスタイルを適用します。

> **注意**
> 今回作成したスタイルは改行マークまでを含めた段落スタイルなので、スタイルを適用したい段落内であれば、入力カーソルはどの位置に合わせておいてもかまいません。

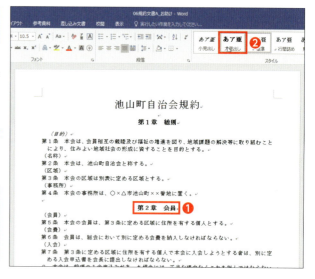

06 「小見出し」のスタイルを適用する

「(名称)」と入力されている7行目をクリックし❶、[ホーム] タブの [スタイル] グループの [小見出し] をクリックします❷。
同様にして、9行目の「(区域)」から4ページ30行目の「附　則」までに「小見出し」のスタイルを適用します。

❷ スタイルを変更する

01 スタイルの変更を選択する

「小見出し」のスタイルが適用されている行をクリックします❶。[ホーム] タブの [スタイル] グループの [小見出し] を右クリックし❷、[変更] をクリックします❸。[スタイルの変更] ダイアログボックスが表示されます。

02 太字の書式を設定する

[書式] グループの [太字] をクリックして選択し❶、[OK] をクリックします❷。

03 [小見出し] スタイルに太字の書式が追加される

[小見出し] スタイルを適用しているすべての段落に太字の書式が追加されました。

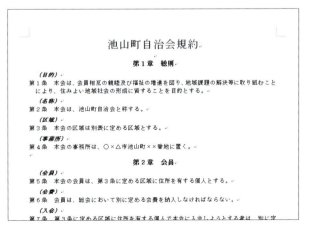

> **+α**
> [スタイルの変更] ダイアログボックスで [自動的に更新する] にチェックを付けると、スタイルが適用されている段落の書式を変更したときにそのスタイルを適用している段落すべてに自動的に書式が変更されます。

3 見開きページの設定をする

01 [ページ設定]ダイアログボックスを表示する

[レイアウト]タブの[ページ設定]グループの[ページ設定]をクリックします❶。[ページ設定]ダイアログボックスが表示されます。

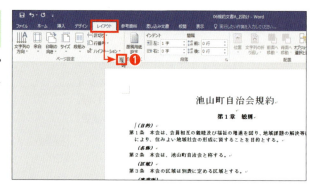

02 左のとじしろを「10mm」に設定する

[余白]グループの[とじしろ]の▲をクリックして「10mm」に設定します❶。[プレビュー]欄には左側にとじしろが表示されます❷。[とじしろの位置]は初期状態の[左]のままにしておきます❸。

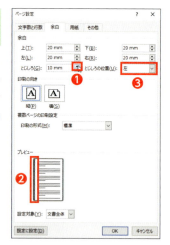

03 [見開きページ]に設定する

[複数ページの印刷設定]グループの[印刷の形式]の▼をクリックして[見開きページ]を選択します❶。[プレビュー]欄でとじしろが中央に表示されているのを確認して❷、[OK]をクリックします❸。

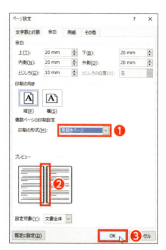

04 印刷プレビューを表示する

[ファイル] タブをクリックして [印刷] をクリックし❶、1ページ目の印刷プレビューを表示させます。1ページ目は、左にとじしろ分（10mm）の余白が追加されています❷。

05 2ページ目以降を表示する

画面の下に表示されている [▶] をクリックします❶。2ページ目と3ページ目が表示されます。

06 とじしろを確認する

2ページ目は右側、3ページ目には左側にとじしろが追加されているのが確認できます❶。

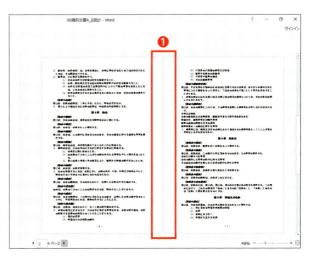

印刷時には、接続している [プリンターのプロパティ] で両面印刷を指定します。

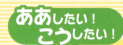

作例のアレンジのしかた

袋とじにして冊子にしたい

■ 袋とじにして印刷する

1 [ページ設定] ダイアログボックスを表示する

[レイアウト] タブの [ページ設定] グループの [ページ設定] をクリックします❶。[ページ設定] ダイアログボックスが表示されます。

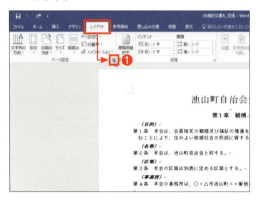

2 用紙のサイズをB4に変更する

[ページ設定] ダイアログボックスの [用紙] タブをクリックし❶、[用紙サイズ] の▼をクリックして [B4 (JIS)] を選択します❷。

3 用紙の向きを横に変更する

[余白] タブをクリックし❶、[印刷の向き] から [横] を選択します❷。

4 印刷形式に袋とじを選択する

[複数ページの印刷設定] グループの [印刷の形式] 欄で [▼] をクリックして [袋とじ] を選択します❶。

5 上の余白を変更する

［余白］グループの［上］欄の［▼］を何度かクリックして［15mm］に変更します❶。

6 他の部分の余白を変更する

同様の操作で［余白］グループの［下］［外側］［内側］を［15mm］に変更し❶、［OK］をクリックします❷。

7 B5サイズの用紙で表示される

画面には1ページ分がB5縦の用紙で表示されますが、印刷するときはB4横の用紙に印刷されます。

8 印刷プレビューを表示する

［ファイル］タブをクリックしてバックステージビューの［印刷］をクリックします❶。印刷プレビューが表示されます。

9 袋とじで印刷する

［印刷］をクリックして印刷を実行します❶。B4用紙に見開きで印刷されます。中央を山折りにすると冊子としてとじることができます。

ワンポイント
袋とじの必要用紙枚数

袋とじは、1枚の用紙に2ページ分印刷されるので、実際に必要な用紙の枚数は、画面に表示されているページ数の半分になります。

07 役員名札

ラベルやテンプレートを利用した名札

完成ファイル	07役員名札A_完成.docx
お助けファイル	なし
データファイル	07役員名簿.xlsx

市販の名刺用の専用用紙（A4サイズ10面）で「役員名札」を作成しましょう。
ここでは、作成済みの名簿のデータを、差し込み印刷のラベル形式で印刷する方法を解説します。

1 データを準備する
→115ページへ

2 差し込み印刷で
ラベルをデザインする
→117ページへ

3 データを差し込んで
印刷する
→119ページへ

① データを準備する

01 データ用のファイルを開く

「07役員名簿.xlsx」を開きます。このファイルには、名札を作成する際に使用するデータがExcelのワークシートの1行目から入力されています。確認後、ファイルを閉じておきます❶。

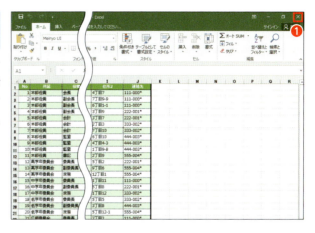

02 差し込み文書を作成する

Wordを起動し、新規文書の状態で［差し込み文書］タブの［差し込み印刷の開始］グループの［差し込み印刷の開始］をクリックし❶、［ラベル］をクリックします❷。［ラベル オプション］ダイアログボックスが表示されます。

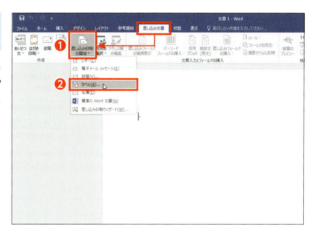

03 名刺用の用紙を選択する

［ラベル］グループの［ラベルの製造元］の▼をクリックし「A-ONE」を選択します❶。続けて［製品番号］欄で「A-ONE 31513」をクリックして選択し❷、［OK］をクリックします❸。

+α
ここでは、印刷するラベル用紙の製品名を選択しています。使用するラベル用紙にあわせて選択しましょう。

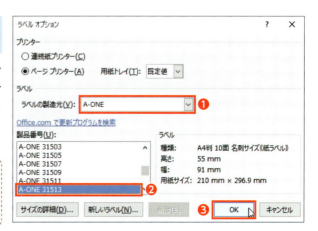

04 データ用ファイルを選択する

［差し込み文書］タブの［差し込み印刷の開始］グループの［宛先の選択］をクリックし❶、［既存のリストを使用］をクリックします❷。［データファイルの選択］ダイアログボックスが表示されます。

05 用意したデータファイルを選択する

「07役員名簿.xlsx」をクリックし❶、［開く］をクリックします❷。［テーブルの選択］ダイアログボックスが表示されます。

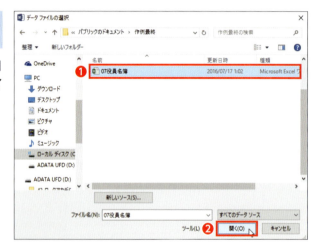

06 テーブルを選択する

「Sheet1$」が選択されているのと❶、［先頭行をタイトル行として使用する］のチェックボックスにチェックが付いているのを確認して❷、［OK］をクリックします❸。

② 差し込み印刷でラベルをデザインする

01 所属フィールドを挿入する

1行目に入力カーソルが表示されている状態で、「所属：」と入力します❶。[差し込み文書]タブの[文章入力とフィールドの挿入]グループの[差し込みフィールドの挿入]をクリックし❷、[所属]をクリックします❸。

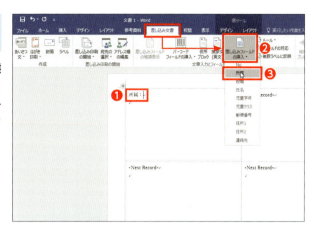

02 役職フィールドを挿入する

Enterキーを2回押して、3行目に入力カーソルを移動させます❶。Spaceキーを2回押したあと、[差し込み文書]タブの[文章入力とフィールドの挿入]グループの[差し込みフィールドの挿入]をクリックし❷、[役職]をクリックします❸。

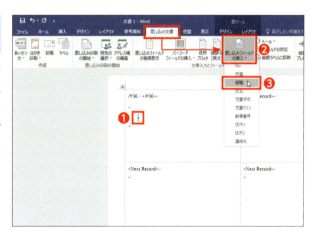

03 氏名フィールドを挿入する

Enterキーを押して、4行目に入力カーソルを移動させます❶。Spaceキーを2回押して、[差し込み文書]タブの[文章入力とフィールドの挿入]グループの[差し込みフィールドの挿入]をクリックし❷、[氏名]をクリックします❸。

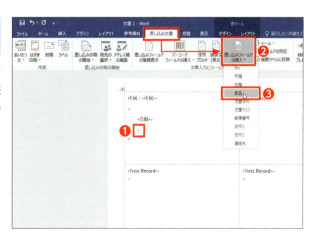

04 複数のラベルに反映させる

［差し込み文書］タブの［文章入力とフィールドの挿入］グループの［複数ラベルに反映］をクリックします❶。

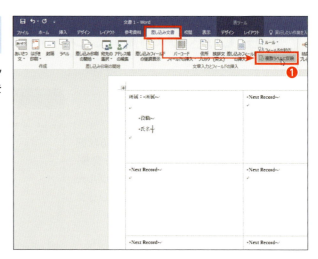

05 名札用のラベルが完成する

1枚目のラベルに作成した文字や差し込みフィールドがすべてのラベルに反映され、ラベルが完成します。

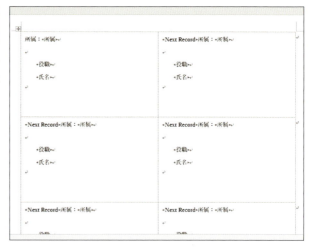

06 プレビューを表示する

［差し込み文書］タブの［結果のプレビュー］グループの［結果のプレビュー］をクリックします❶。

③ データを差し込んで印刷する

01 ラベルを印刷する

[差し込み文書] タブの [完了] グループの [完了と差し込み] をクリックし❶、[文書の印刷] をクリックします❷。[プリンターに差し込み] ダイアログボックスが表示されます。

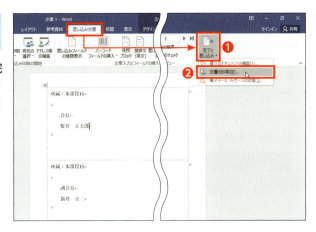

02 すべてのレコードを選択する

[レコードの印刷] グループの [すべて] が選択されているのを確認して❶、[OK] をクリックします❷。

03 印刷を実行する

[印刷] ダイアログボックスが表示されるので、[OK] をクリックします❶。

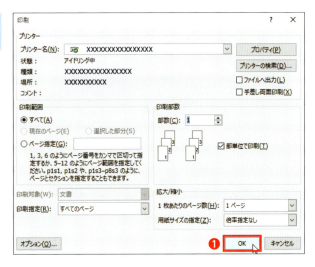

▶▶▶ 作例のアレンジのしかた

ああしたい！こうしたい！
変更した書式をすべてのラベルに反映させたい

書式を変更してすべてのラベルに反映させる

1 氏名を太字にする

一枚目のラベルに表示されている氏名をドラッグして選択します❶。［ホーム］タブの［フォント］グループの［太字］をクリックします❷。

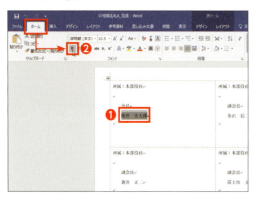

2 フォントサイズを変更する

氏名を選択したままの状態で、［ホーム］タブの［フォント］グループの［フォントサイズ］の［▼］をクリックし❶、［20］をクリックします❷。

3 複数のラベルに反映させる

［差し込み文書］タブの［文章入力とフィールドの挿入］グループの［複数ラベルに反映］をクリックします❶。

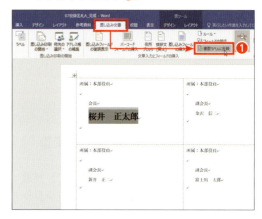

4 文字列の配置を変更する

表の左上に表示されている田をクリックして表全体を選択します❶。［表ツール］の［レイアウト］タブの［配置］グループの［両端揃え（中央）］をクリックします❷。

選択したデータだけ印刷したい

選択したデータだけ印刷する

1 アドレス帳を編集する

［差し込み文書］タブの［差し込み印刷の開始］グループの［アドレス帳の編集］をクリックします❶。

2 データの選択を解除する

［差し込み印刷の宛先］ダイアログボックスの［氏名］フィールドの左にあるチェックボックスをクリックして、すべてのチェックを外します❶。

3 印刷したいデータを選択する

印刷したいデータのチェックボックスをクリックしてチェックを付け❶、［OK］をクリックします❷。

4 選択したデータを確認する

［差し込み文書］タブの［結果のプレビュー］グループの［先頭のレコード］をクリックします❶。

5 選択したデータが表示される

選択したデータの1件目から表示されます。

> **ワンポイント**
>
> **データの絞り込みと並び替え**
>
> ［差し込み印刷の宛先］ダイアログボックスにある［フィルター］をクリックすると、［フィルターと並べ替え］ダイアログボックスが表示され、条件を設定して印刷するデータを絞り込んだり、印刷する順番を変更したりすることもできます。
>
>

08 役員名簿

一覧で見やすい名簿

| 完成ファイル | 08役員名簿_A_完成.xlsx |
| お助けファイル | 08役員名簿_A_お助け.xlsx |

PTA役員の名前や住所、電話番号などを一覧にまとめた「役員名簿」を作成します。ここでは、基本的な表の作成方法やオートフィルを使用した連続番号の作成方法を解説します。

① 列幅を調整する →123ページへ
② 連続したデータを入力する →125ページへ
③ 罫線を設定する →126ページへ

海の子小学校PTA役員名簿

No	所属	役職	氏名	児童学年	児童クラス	郵便番号	住所1	住所2	連絡先
1	本部役員	会長	桜井 正太郎	5年	かえで	606-****	左京区糸谷町	4丁目7	111-000*
2	本部役員	副会長	金沢 信二	6年	かえで	606-****	左京区明神町	7丁目9-9	111-000*
3	本部役員	副会長	新井 正二	4年	かえで	606-****	左京区今川町	6丁目1-1	111-000*
4	本部役員	副会長	富士川 太郎	3年	さくら	605-****	東山区榎町	3丁目9	222-001*
5	本部役員	会計	小野田 宗助	5年	さくら	605-****	東山区恵比寿町	3丁目7	222-001*
6	本部役員	会計	小泉 大二郎	4年	すみれ	602-****	上京区花山町	2丁目3	333-002*
7	本部役員	会計	山川 良子	3年	すみれ	602-****	上京区鳥居町	7丁目10	333-002*
8	本部役員	監査	柴山 典子	5年	つばき	612-****	伏見区堀川町	6丁目10	444-003*
9	本部役員	監査	菊川 祥子	3年	つばき	612-****	伏見区丸山町	4丁目4-3	444-003*
10	本部役員	監査	坂下 理恵	2年	つばき	612-****	伏見区烏丸町	1丁目9-8	444-003*
11	本部役員	書記	中村 塔子	5年	もみじ	604-****	中京区松原町	2丁目9	555-004*
12	高学年委員会	委員長	赤坂 英明	6年	さくら	605-****	東山区榎町	5丁目2	222-001*
13	高学年委員会	副委員長	夏川 あさみ	6年	もみじ	604-****	中京区松原町	9丁目6	555-004*
14	高学年委員会	庶務	岡田 恵子	5年	もみじ	604-****	中京区楡木町	12丁目1	555-004*
15	中学年委員会	委員長	田野川 康太	4年	かえで	606-****	左京区糸谷町	1丁目11	111-000*
16	中学年委員会	副委員長	吉井 則之	4年	さくら	605-****	東山区恵比寿町	5丁目8	222-001*
17	中学年委員会	庶務	真田 隆	3年	すみれ	602-****	上京区花山町	1丁目12	333-002*
18	低学年委員会	委員長	西村 良助	2年	すみれ	602-****	上京区鳥居町	5丁目5	333-002*
19	低学年委員会	副委員長	吉田 仁	2年	つばき	612-****	伏見区堀川町	3丁目8	444-003*
20	低学年委員会	庶務	丸山 大樹	1年	もみじ	604-****	中京区武田町	5丁目12-1	555-004*
21	広報委員会	委員長	本田 さつき	5年	かえで	606-****	左京区糸谷町	2丁目2	111-000*
22	広報委員会	副委員長	正木 靖男	4年	つばき	612-****	伏見区高辻町	9丁目1	444-003*
23	広報委員会	庶務	小宮 大輔	2年	もみじ	604-****	中京区油谷町	12丁目3-4	555-004*
24	生活委員会	委員長	皆川 玲子	3年	さくら	605-****	東山区梅木町	8丁目6	222-001*
25	生活委員会	庶務	北山 利光	1年	すみれ	602-****	上京区金井町	1丁目1	333-002*

1 列幅を調整する

01 作業用のファイルを開く

「08役員名簿_A_お助け.xlsx」を開きます。このファイルには、あらかじめタイトルに書式が設定されています。

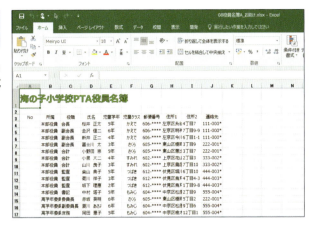

02 ドラッグで列幅を設定する

[A] 列の列番号の右側の境界線にマウスポインターを合わせ、マウスポインターが✛になった状態で、[幅：5.00（45ピクセル）] と表示されるまで左方向にドラッグします❶。同じ手順で [B] 列を「15」、[C] 列を「13」、[D] 列を「16」の列幅になるように調整します。

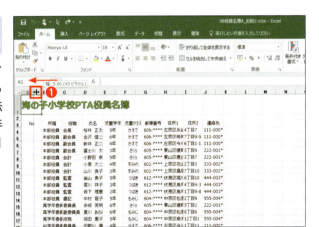

03 隣り合わせた複数列を選択する

[E] 列にマウスポインターを合わせ、↓になった状態で [G] 列までドラッグして選択します❶。

+α

離れた列を複数同時に選択するには、最初の列をマウスポインターが↓になった状態でクリックし、2つ目以降の列を Ctrl キーを押しながらクリックします。

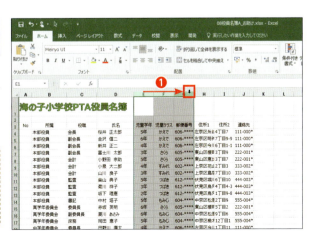

04 複数の列の幅をまとめて変更する

選択した列の上で右クリックし❶、[列の幅]をクリックします❷。

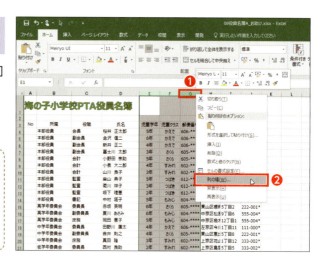

+α

セルに入力されている一番長い文字列に合わせて自動調整することもできます。自動調整したい列の右側にマウスポインターを合わせ、✛になった状態でダブルクリックします。

05 列幅を数値で指定する

[列幅]ダイアログボックスが表示されるので、[列幅]テキストボックスに半角で「12」と入力し❶、[OK]をクリックします❷。同じ手順で[H]列と[I]列の列幅を「15」に変更します。また[J]列の列幅を「13」に変更します。

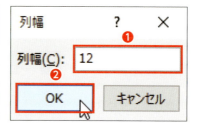

行の高さを変更する

行の高さは、文字の大きさによって自動的に調整されますが、任意の高さにする場合は、行番号の下側にマウスポインターを合わせ、✛になった状態でドラッグします❶。また、高さを変更する行番号をマウスポインターが➡の状態で右クリックし、[行の高さ]をクリックして❷、[行の高さ]ダイアログボックスで数値を指定することもできます。

❷ 連続データを作成する

01 開始値を入力してオートフィルを実行する

[A4] セルに「1」と入力し❶、[A4] セルの右下角の [フィルハンドル] にマウスポインターを合わせ、＋になった状態でダブルクリックします❷。

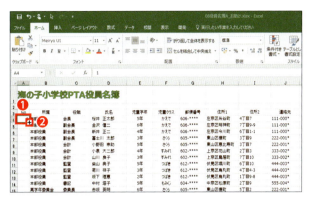

02 自動的に連続番号を入力する

[B] 列にデータが入力されている行までセルがコピーされるので、[オートフィルオプション] をクリックし❶、[連続データ] をクリックします❷。

任意の位置までコピーや連続データを作成する場合は、[フィルハンドル] にマウスポインターを合わせ、＋になった状態でドラッグします。

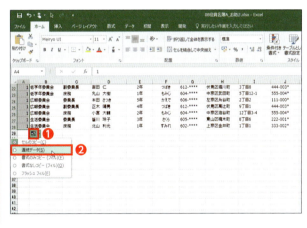

奇数や偶数などの連続番号を作成する

あらかじめ増減値がわかるようにデータを入力しておくと、等間隔の連続データを作成することができます。たとえば、奇数の連続番号を入力する場合は、「1」と「3」を入力し、入力済みの2つのセルを範囲選択してから [フィルハンドル] をドラッグ、またはダブルクリックします。

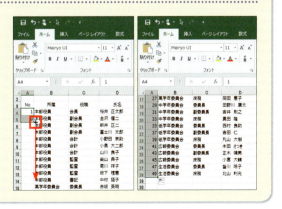

3 罫線を設定する

01 表を選択する

マウスポインターが✥になった状態で、[A3]セルから[J28]セルまでのセル範囲をドラッグして選択します❶。

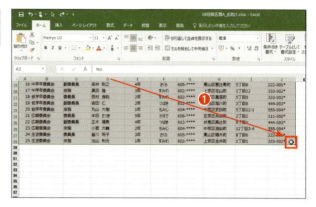

02 異なる種類の罫線を一度に設定する

[ホーム]タブの[フォント]グループの[下罫線]の▼をクリックし❶、[その他の罫線]をクリックします❷。

03 表の内側に点線を設定する

[セルの書式設定]ダイアログボックスが表示されるので、[罫線]タブの[線]グループから[スタイル]リストボックスの[点線]をクリックし❶、[プリセット]グループの[内側]をクリックします❷。

04 表の外枠に太い罫線を設定する

続けて［線］グループから［スタイル］リストボックスの［太線］をクリックし❶、［プリセット］グループの［外枠］をクリックして❷、［OK］をクリックします❸。

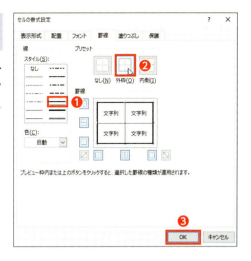

05 見出しの下に細い線を設定する

[A3]セルから[J3]セルまでをドラッグして選択し❶、［ホーム］タブの［フォント］グループの［その他の罫線］の▼をクリックして❷、［下罫線］をクリックします❸。

直前に選択した罫線が［その他の罫線］であれば、［ホーム］タブの［フォント］グループには、［下罫線］のボタン⊞ではなく［その他の罫線］のボタン⊞が表示されます。

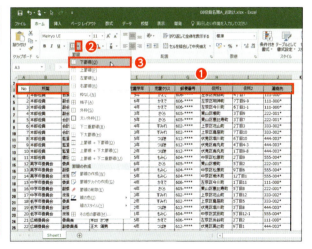

罫線を削除する

罫線を削除するには、セルを範囲選択して［ホーム］タブの［フォント］グループの［下罫線］の▼をクリックして［枠なし］をクリックします。

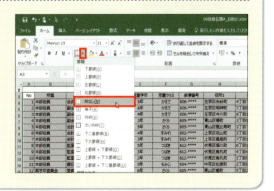

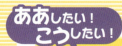

▶▶▶ 作例のアレンジのしかた

表をテーブルにしたい

■ テーブルを作成する

1 表をテーブルに変換する

表内のセルをクリックし❶、［挿入］タブの［テーブル］グループの［テーブル］をクリックします❷。

2 テーブルに変換する範囲の確認

［テーブルの作成］ダイアログボックスが表示されます。［テーブルに変換するデータ範囲を指定してください］に「=$A$3:$J$28」と表示されていることを確認し❶、［先頭行をテーブルの見出しとして使用する］にチェックを付けて❷、［OK］をクリックします❸。

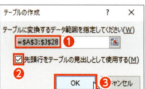

■ テーブルスタイルを設定する

1 テーブルスタイルを選択する

テーブル内をクリックし❶、［テーブルツール］の［デザイン］タブの［テーブルスタイル］グループから［その他］をクリックします❷。

2 テーブルスタイルを変更する

［緑、テーブルスタイル（中間）7］をクリックします❶。

👆 ワンポイント

特定の範囲をテーブルに変換する

表内の任意のセルを選択してテーブルに変換すると、自動的に選択したセルに隣接したセル範囲を変換元として認識されます。表に隣接してタイトルや作成者などを入力している場合は、あらかじめ表を範囲選択してからテーブルに変換します。

■ 項目に一致するデータを抽出する

1 条件にする項目を表示する

テーブル内のセルをクリックし❶、「児童学年」の見出しの▼をクリックします❷。

2 指定したデータを抽出する

［(すべて選択)］のチェックをはずし❶、［5年］と［6年］にチェックを付けて❷、［OK］をクリックします❸。

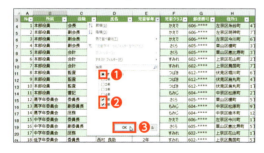

■ 条件を指定してデータを抽出する

1 詳細な条件を指定する

「5年」と「6年」だけを抽出した結果をさらに絞り込みます。テーブル内のセルをクリックし❶、「住所1」の見出しの▼をクリックして❷、［テキストフィルター］にマウスポインターを合わせ［指定の値で始まる］をクリックします❸。

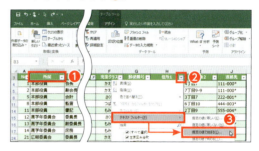

2 特定の値で始まるデータを抽出する

［オートフィルターのオプション］ダイアログボックスが表示されます。［抽出条件の指定：］の［住所1］テキストボックスに［左京区］と入力し❶、［OK］をクリックします❷。

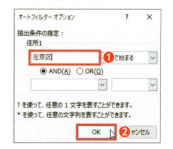

ワンポイント

条件を解除してすべてのデータを表示する

［データ］タブの［並べ替えとフィルター］グループの［クリア］をクリックします❶。

■ データを追加する

1 最終行にデータを追加する

最終行の［A29］セルをクリックして選択し、「26」と入力して Enter キーを押します❶。テーブルの範囲が広がり自動的にスタイルも適用されます。［B29:J29］のセルに「生活委員会」「庶務」「金山　聡」「1年」「もみじ」「602-****」「上京区金井町」「1丁目5」「333-003*」と入力します❷。

> **ワンポイント**
> **列番号に見出しが表示される**
> テーブル内のセルをクリックしてテーブルを選択している状態で、画面を下へスクロールすると、［A：J］列の列番号に見出しの文字が表示されます。

■ 集計値を表示する

1 集計行を追加する

テーブル内をクリックし❶、［テーブルツール］の［デザイン］タブの［テーブルスタイルのオプション］グループの［集計行］にチェックを付けます❷。テーブルの最終行に集計行が追加されます。［J30］セルの▼をクリックして、［個数］をクリックします❸。

> **ワンポイント**
> **抽出結果を集計値に反映させる**
> 集計値は複数の見出しに対して表示できます。また、データを抽出した結果によって集計値が変わります。たとえば、［児童学年］の「5年」と「6年」を抽出すると、個数の集計値は「9」になります。
> なお、集計の種類には、合計、平均、最大値などがあります。

> **ワンポイント**
> **データを並べ替える**
> テーブル内のセルをクリックし❶、「児童学年」の見出しの▼をクリックし❷、［昇順］をクリックします❸。

名簿の一部を隠したい

■ 列を非表示にしてシートを保護する

1 列を非表示にする

［E］列にマウスポインターを合わせ、↓になったら［I］列までドラッグして範囲選択し❶、［ホーム］タブの［セル］グループから［書式］をクリックし❷、［非表示／表示］にマウスポインターを合わせ［列を表示しない］をクリックします❸。

2 シートを保護する

［校閲］タブの［変更］グループの［シートの保護］をクリックします❶。［シートの保護］ダイアログボックスが表示されるので、［OK］をクリックします❷。

■ シートの保護を解除して列を表示する

1 シートの保護を解除する

［校閲］タブの［変更］グループの［シート保護の解除］をクリックします❶。

2 列を再表示する

表示する範囲の前後を選択します。［D］列にマウスポインターを合わせ、↓になったら［J］列までドラッグして範囲選択し❶、［ホーム］タブの［セル］グループから［書式］をクリックし❷、［非表示／表示］にマウスポインターを合わせ［列の再表示］をクリックします❸。

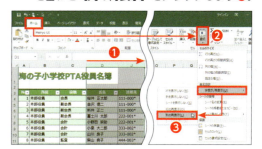

👉 ワンポイント

パスワードを設定する

［シートの保護］ダイアログボックスでパスワードを設定できます。パスワードを設定すると、シートの保護を解除するときにパスワードの入力が求められます。

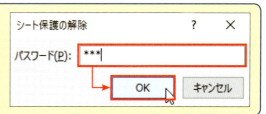

09 会計報告書

計算式を利用した報告書

完成ファイル	09会計報告書A_完成.docx
お助けファイル	09会計報告書A_お助け.docx

単価や数量を変更するだけで、収入合計や支出合計が計算できる「会計報告書」を作成します。ここでは、基本的な計算式と、使用頻度の高い合計を求める関数の設定方法を解説します。

1. 計算式を入力する → 133ページへ
2. 合計を計算する → 135ページへ

1 計算式を入力する

01 作業用のファイルを開く

「09会計報告書A_お助け.docx」を開きます。このファイルには、あらかじめフォントサイズや配置、表示形式、塗りつぶしなどの書式、数式を設定しています。

02 掛け算を入力する

［I9］セルをクリックして選択し❶、半角で「＝」と入力します。続けて［F9］セルをクリックして「＊」を入力❷、［G9］セルをクリックして「＊」を入力❸、［H9］セルをクリックし、Enter キーを押します❹。

03 オートフィルで数式だけコピーする

［I9］セルをクリックして選択し、［I9］セルの右下角の［フィルハンドル］にマウスポインターを合わせ、＋になった状態で［I11］セルまでドラッグし❶、［オートフィルオプション］をクリックして❷、［書式なしコピー（フィル）］をクリックします❸。［I10］セルと［I11］セルに掛け算だけがコピーされます。

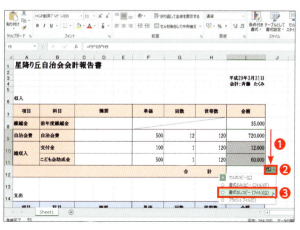

133

04 数式をコピーする

掛け算が入力されている [I22] セルを選択し❶、[ホーム] タブの [クリップボード] グループの [コピー] をクリックします❷。

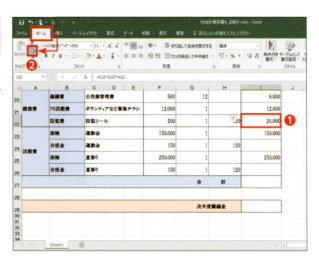

05 離れたセルにコピーする

[I24] セルをクリックし❶、Ctrl キーを押しながら [I26] セルをクリックします❷。[ホーム] タブの [クリップボード] グループの [貼り付け] の▼をクリックし❸、[数式] をクリックします❹。

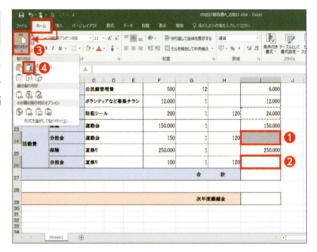

06 引き算を入力する

[I29] セルをクリックし❶、半角で「＝」と入力します。続けて、[I12] セルをクリックして「－」を入力、[I27] セルをクリックし❷、Enter キーを押します。

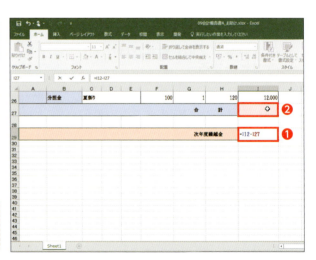

足し算は「＋」、引き算は「－」、掛け算は「＊」、割り算は「／」を使用します。

2 合計を計算する

01 オートSUMを設定する

合計を求める［I12］セルをクリックし❶、
［ホーム］タブの［編集］グループの［合計］
をクリックします❷。

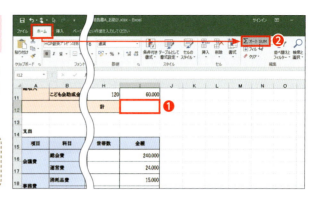

+α
［合計］の▼をクリックすると、［平均］や［最大値］などを計算できます。

02 SUM関数を確定する

計算対象となる［I8：I11］のセル範囲が点線で囲まれて反転表示されます❶。Enter キーを押します。

計算対象の自動認識について

合計を求めるセルに隣接する上方向や左横方向に数値が入力されていると、自動的に数値が入力されている部分を計算対象として認識します。ただし、空白セルがある場合は計算対象の範囲にならないので、計算対象が反転表示している間にセルをドラッグして範囲選択しなおします。
たとえば［I9］セルが空白の場合、自動的に認識されるセル範囲は［I10：I11］になるので、計算対象が反転表示している状態で、［I8］セルから［I11］セルまでのセル範囲をドラッグし、Enter キーを押します❶。

> ああしたい！こうしたい！ ▶▶▶ 作例のアレンジのしかた

表を見やすくしたい

■ 日付を長い日付形式に変更する

1 日付を入力する

[H3] セルをクリックして選択し、半角で「3/31」と入力します❶。Enter キーを押して確定すると、「3月31日」と表示されます。

2 表示形式を変更する

[H3] セルをクリックして選択し❶、[ホーム] タブの [数値] グループの [数値の書式] の▼をクリックして❷、[長い日付形式] をクリックします❸。

■ 日付を和暦で表示する

1 [セルの書式設定] ダイアログボックスを表示する

[H3] セルをクリックして選択し❶、[ホーム] タブの [数値] グループの [表示形式] をクリックします❷。

2 和暦に変更する

[セルの書式設定] ダイアログボックスが表示されるので、[表示形式] タブをクリックし❶、[分類] から [日付] をクリックして❷、[カレンダーの種類] から [和暦] をクリックします❸。[種類] の [平成24年3月14日] をクリックして [OK] をクリックします❹。

> 👆 ワンポイント
>
> **今年以外の日付を入力する**
>
> 「3/31」と入力すると、入力した年の日付の「2017/3/31」と判断され「3月31日」と表示されます。入力した年以外の日付を入力する場合は、「2016/3/31」などと年を省略せずに入力します。

曜日を表示する

1 ユーザー定義の表示形式を設定する

［H3］セルをクリックして選択し❶、［ホーム］タブの［数値］グループの［表示形式］をクリックします❷。［セルの書式設定］ダイアログボックスが表示されるので［表示形式］タブをクリックし❸、［分類］から［ユーザー定義］をクリックして❹、［種類］テキストボックスの［[$-ja-JP]ggge"年"m"月"d"日";@］の「@」の後ろをクリックしてカーソルを表示します❺。

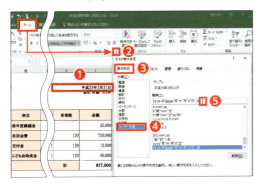

2 ユーザー定義の表示形式を設定する

Back space キーを押して「；@」を削除します。半角で「(aaa)」と入力し❶、［OK］をクリックします❷。

桁区切り形式や通貨形式に設定する

1 3桁カンマを表示する

［F16］セルから［I26］セルまでのセル範囲をドラッグして選択し❶、［ホーム］タブの［数値］グループの［桁区切りスタイル］をクリックします❷。

2 「¥」記号を表示する

［I27］セルをクリックして選択し❶、Ctrl キーを押しながら［I29］セルをクリックして選択して❷、［ホーム］タブの［数値］グループの［通貨表示形式］をクリックします❸。

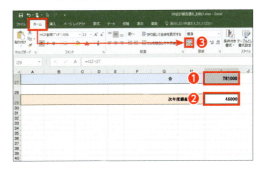

報告書を活用したい

■ テンプレートとして保存する

1 名前を付けて保存する

［ファイル］タブをクリックして［名前を付けて保存］をクリックし❶、［参照］をクリックします❷。

2 ファイルの種類を変更する

［ファイルの種類］から［Excelテンプレート（*.xltx）］をクリックし❶、［保存］をクリックします。保存できたら、［ファイル］タブをクリックして［閉じる］をクリックしてファイルを閉じます。

■ 個人用テンプレートを開く

1 テンプレートを開く

［ファイル］タブをクリックして、［新規］をクリックします❶。［個人用］をクリックして❷、「09会計報告書B_お助け」をクリックします❸。なお、Excelを新しく起動した場合は、［最近使ったファイル］の［個人用］をクリックします。

ワンポイント

テンプレートを開いて保存する

テンプレートを開くと、「09会計報告書B_お助け1」のようにテンプレート名の後ろに番号を付加して表示されます。開いたテンプレートを編集して［名前を付けて保存］や［上書き保存］をクリックすると、［名前を付けて保存］ダイアログボックスが表示され、通常の新規ブック「Book1」と同じようにExcelファイルとして保存されます。

表をWordで利用したい

Excelの表をWordに貼り付ける

1 Excelの表をコピーする

［A7］セルから［I12］セルまでのセル範囲をドラッグして選択し❶、［ホーム］タブの［クリップボード］グループの［コピー］をクリックします❷。

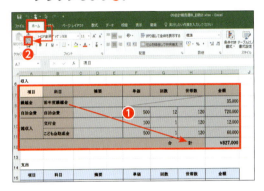

2 Wordに貼り付ける

「09会計報告書B_お助け.docx」を開き、5行目1桁目をクリックしてカーソルを表示します❶。［ホーム］タブの［クリップボード］グループの［貼り付け］の［▼］をクリックして❷、［貼り付け先のスタイルを使用］をクリックします❸。同じ手順で［A15：I27］のセル範囲を14行目1桁目、［A29：I29］のセル範囲を30行目1桁目に貼り付け先のスタイルを使用して貼り付けます。

Wordに貼り付けた表の体裁を整える

1 表のスタイルを設定する

表内をクリックし、［表ツール］の［デザイン］タブの［表のスタイル］グループから［その他］をクリックして［グリッド（表）5濃色−アクセント3］をクリックします❶。

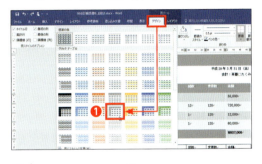

2 表内の配置を調整する

表内にマウスポインターを合わせると表示される［表の選択］、⊞をクリックして表全体を選択して❶、［表ツール］の［レイアウト］タブの［配置］グループから［両端揃え（中央）］をクリックし❷、列幅や配置を調整します。

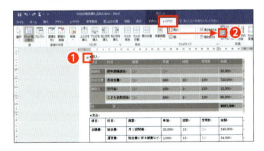

09 会計報告書

10 日付・曜日入りの予定表
年間行事予定表

完成ファイル　10年間行事予定表A_完成.xlsx
お助けファイル　10年間行事予定表A_お助け.xlsx

B4サイズで毎年使用できる「年間行事予定表」を作成しましょう。ここでは、土日のセルに色を付けたり、存在しない日付を表示させないように条件付き書式の操作を解説します。

1 土日のセルに色を付ける →141ページへ

2 存在しない日付を非表示にする →144ページへ

3 期間を表す矢印を追加する →146ページへ

平成29年度　池山町自治会　年間行事予定表

4月	1日	2日	3日	4日	5日	6日	7日	8日	9日	10日	11日	12日	13日	14日	15日	16日	17日	18日	19日	20日	21日	22日	23日	24日	25日	26日	27日	28日	29日	30日	
										春の交通安全週間													埋立ゴミ								
5月	1日	2日	3日	4日	5日	6日	7日	8日	9日	10日	11日	12日	13日	14日	15日	16日	17日	18日	19日	20日	21日	22日	23日	24日	25日	26日	27日	28日	29日	30日	31日
																					防災訓練										
6月	1日	2日	3日	4日	5日	6日	7日	8日	9日	10日	11日	12日	13日	14日	15日	16日	17日	18日	19日	20日	21日	22日	23日	24日	25日	26日	27日	28日	29日	30日	
				フリマ							運動会														埋立ゴミ						
7月	1日	2日	3日	4日	5日	6日	7日	8日	9日	10日	11日	12日	13日	14日	15日	16日	17日	18日	19日	20日	21日	22日	23日	24日	25日	26日	27日	28日	29日	30日	31日
8月	1日	2日	3日	4日	5日	6日	7日	8日	9日	10日	11日	12日	13日	14日	15日	16日	17日	18日	19日	20日	21日	22日	23日	24日	25日	26日	27日	28日	29日	30日	31日
																				埋立ゴミ						盆踊り					
9月	1日	2日	3日	4日	5日	6日	7日	8日	9日	10日	11日	12日	13日	14日	15日	16日	17日	18日	19日	20日	21日	22日	23日	24日	25日	26日	27日	28日	29日	30日	
																	ハイキング								秋の交通安全週間						
10月	1日	2日	3日	4日	5日	6日	7日	8日	9日	10日	11日	12日	13日	14日	15日	16日	17日	18日	19日	20日	21日	22日	23日	24日	25日	26日	27日	28日	29日	30日	31日
							秋祭り								埋立ゴミ							防災訓練									
11月	1日	2日	3日	4日	5日	6日	7日	8日	9日	10日	11日	12日	13日	14日	15日	16日	17日	18日	19日	20日	21日	22日	23日	24日	25日	26日	27日	28日	29日	30日	
											七五三																				
12月	1日	2日	3日	4日	5日	6日	7日	8日	9日	10日	11日	12日	13日	14日	15日	16日	17日	18日	19日	20日	21日	22日	23日	24日	25日	26日	27日	28日	29日	30日	31日
			フリマ																					埋立ゴミ					防犯パトロール		
1月	1日	2日	3日	4日	5日	6日	7日	8日	9日	10日	11日	12日	13日	14日	15日	16日	17日	18日	19日	20日	21日	22日	23日	24日	25日	26日	27日	28日	29日	30日	31日
						餅つき大会								成人式																	
2月	1日	2日	3日	4日	5日	6日	7日	8日	9日	10日	11日	12日	13日	14日	15日	16日	17日	18日	19日	20日	21日	22日	23日	24日	25日	26日	27日	28日			
		防犯パトロール																埋立ゴミ													
3月	1日	2日	3日	4日	5日	6日	7日	8日	9日	10日	11日	12日	13日	14日	15日	16日	17日	18日	19日	20日	21日	22日	23日	24日	25日	26日	27日	28日	29日	30日	31日

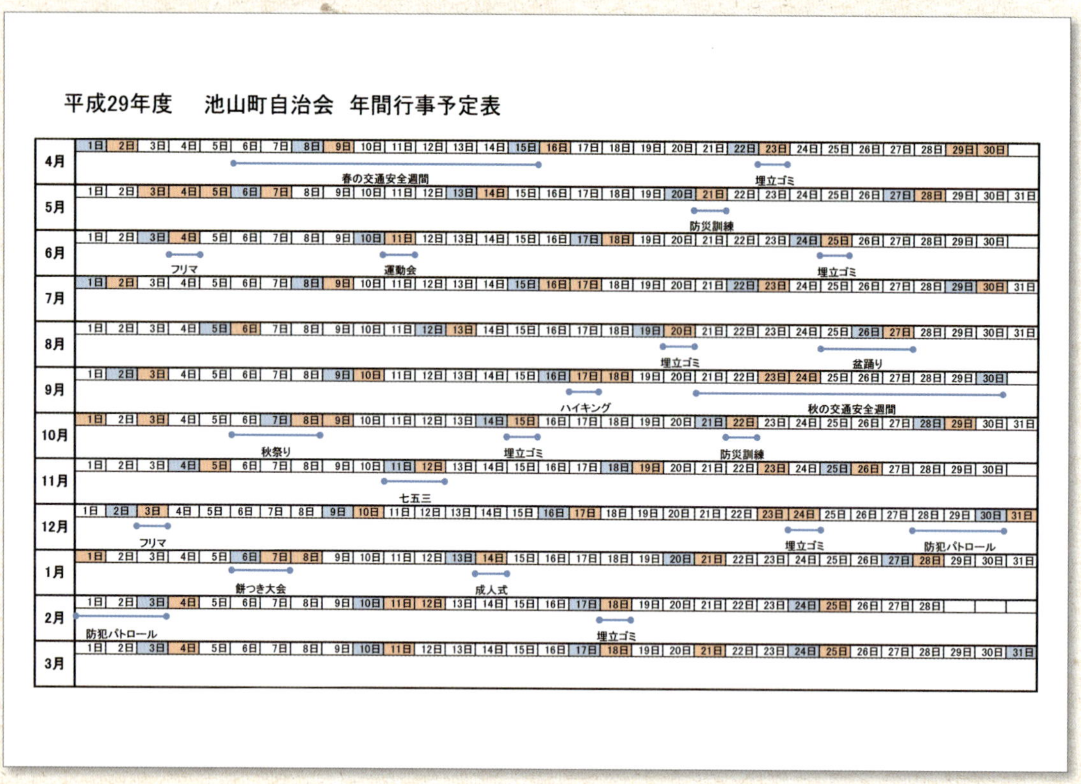

1 土日のセルに色を付ける

01 作業用のファイルを開く

「10年間行事予定表A_お助け.docx」を開きます。このファイルの「予定表」シートでは、[B1] セルに「2017/1/1」と入力すると「平成29年度」と表示され、[B] 列には4月から3月までの月、[C] 列から [AG] 列には日付が表示されるように数式と書式が設定されています。また、年間の行事はあらかじめセルに入力してあります。表全体に罫線も設定されています。

02 土曜日の書式ルールを作成する

セル [C3] からセル [AG3] までを選択し、Ctrlキーを押しながらセル [C5] からセル [AG5]、セル [C7] からセル [AG7] ……と1行おきに25行目までを選択します❶。[ホーム] タブの [スタイル] グループの [条件付き書式] をクリックし❷、[新しいルール] をクリックします❸。[新しい書式ルール] ダイアログボックスが表示されます。

03 数式を入力する

[ルールの種類を選択してください] 欄で [数式を使用して、書式を設定するセルを決定] をクリックします❶。[次の数式を満たす場合に値を書式設定] 欄に「=TEXT(C3,"aaa")="土"」と入力し❷、[書式] をクリックします❸。[セルの書式設定] ダイアログボックスが表示されます。

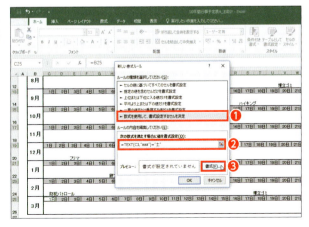

04 塗りつぶしの色を設定する

［塗りつぶし］タブをクリックし❶、［背景色］の「青、アクセント1、白＋基本色60%」をクリックして❷、［OK］をクリックします❸。［新しい書式ルール］ダイアログボックスに戻ります。

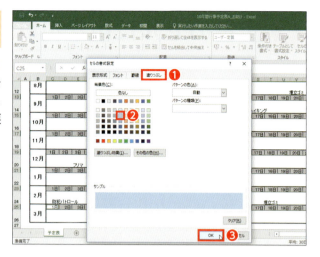

05 ［新しい書式ルール］ダイアログボックスを閉じる

手順04で指定した色が［プレビュー］欄に表示されているのを確認し❶、［OK］をクリックします❷。

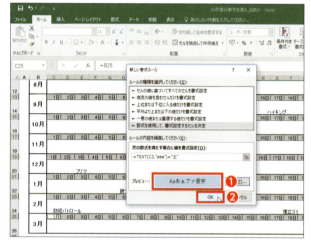

06 日曜日の書式ルールを作成する

選択されているセル範囲はそのままにして、［ホーム］タブの［スタイル］グループの［条件付き書式］をクリックして選択し❶、［新しいルール］をクリックします❷。［新しい書式ルール］ダイアログボックスが表示されます。

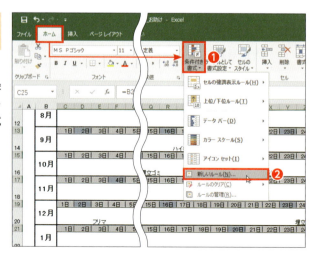

07 数式を入力する

[ルールの種類を選択してください] 欄で [数式を使用して、書式設定するセルを決定] をクリックして選択します❶。[次の数式を満たす場合に値を書式設定] 欄に「=TEXT(C3,"aaa")="日"」と入力し❷、[書式] をクリックします❸。[セルの書式設定] ダイアログボックスが表示されます。

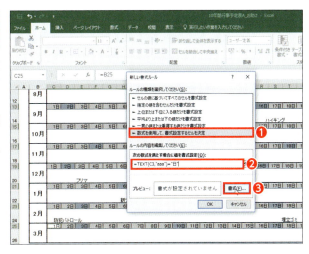

08 塗りつぶしの色を設定する

[塗りつぶし] タブをクリックし❶、[背景色] の「オレンジ、アクセント2、白＋基本色60%」をクリックして❷、[OK] をクリックします❸。[新しい書式ルール] ダイアログボックスに戻ります。

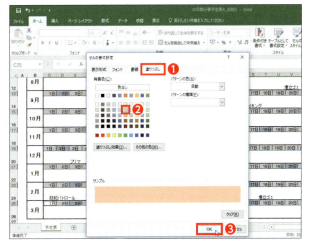

09 [新しい書式ルール] ダイアログボックスを閉じる

指定した色が [プレビュー] 欄に表示されているのを確認し❶、[OK] をクリックします❷。

2 存在しない日付を非表示にする

01 存在しない日付のルールを作成する

セル［C3］からセル［AG3］までを選択し、Ctrlキーを押しながらセル［C5］からセル［AG5］、セル［C7］からセル［AG7］と1行おきに25行目までを選択します❶。［ホーム］タブの［スタイル］グループの［条件付き書式］をクリックし❷、［新しいルール］をクリックします❸。［新しい書式ルール］ダイアログボックスが表示されます。

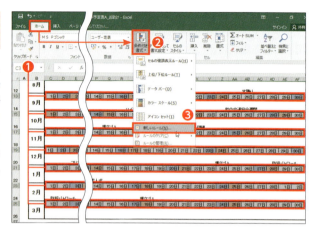

02 数式を入力する

［ルールの種類を選択してください］欄で［数式を使用して、書式を設定するセルを決定］をクリックして選択します❶。［次の数式を満たす場合に値を書式設定］欄に「=MONTH(C3)<>MONTH($C3)」と入力し❷、［書式］をクリックします❸。［セルの書式設定］ダイアログボックスが表示されます。

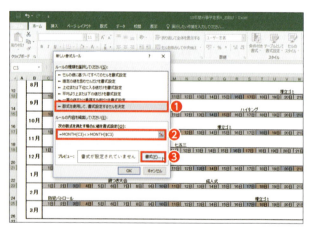

03 フォントの色を白に設定する

［フォント］タブをクリックします❶。［色］の▼をクリックし、「白」をクリックして選択します❷。

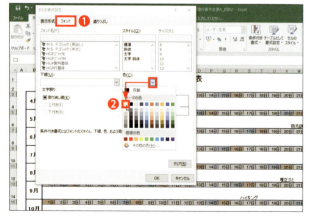

04 [セルの書式設定]ダイアログボックスを閉じる

[OK]をクリックします❶。[新しい書式ルール]ダイアログボックスに戻ります。

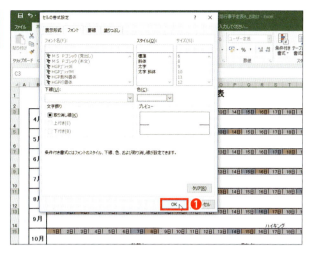

05 [新しい書式ルール]ダイアログボックスを閉じる

フォントの色を白に設定したので、[プレビュー]欄には何も表示されません❶。[OK]をクリックします❷。

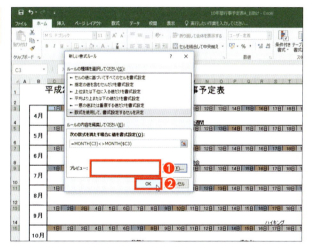

06 月末の日付を確認する

範囲選択を解除し、各月の月末の日付を確認します❶。

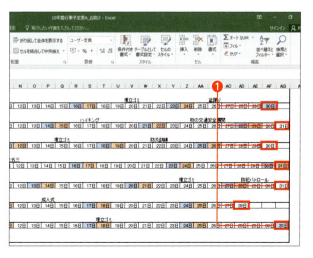

③ 期間を表す矢印を追加する

01 直線を選択する

［挿入］タブの［図］グループの［図形］をクリックし❶、［線］グループの［直線］をクリックします❷。

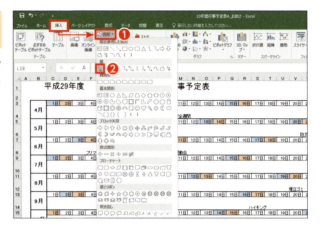

02 直線を引く

Shift キーを押しながら、セル［H4］からセル［Q4］あたりまで真横にドラッグします❶。水平に直線が描画されます。

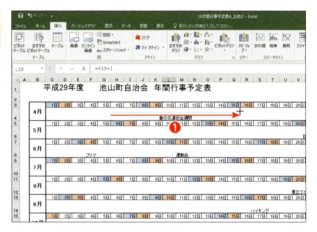

03 線の太さを変更する

描画した直線を選択した状態で、［描画ツール］の［書式］タブの［図形スタイル］グループの［図形の枠線］をクリックし❶、［太さ］の［2.25pt］をクリックします❷。

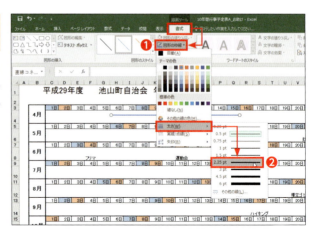

04 線の始点と終点のスタイルを変更する

描画した直線を選択した状態で、[描画ツール]の[書式]タブの[図形スタイル]グループの[図形の枠線]をクリックし❶、[矢印]の[矢印スタイル11]をクリックします❷。

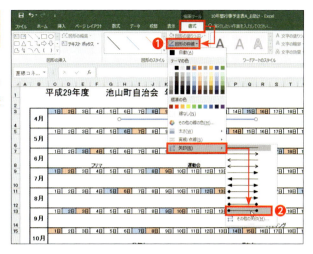

05 期間を表す直線が描画される

始点と終点が丸印になった直線が描画されるので、同様の操作で他のスケジュールにも直線を描画します。このとき、すでに作成した直線をコピーしてもかまいません。

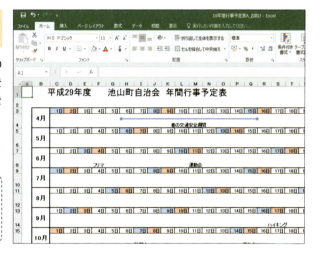

直線の色を変更するには、[図形の枠線]をクリックして、色を選択します。
→86ページ

既定の線に設定する

書式を設定した直線を右クリックし、ショートカットメニューから[既定の線に設定]をクリックしておくと、同ファイルで直線を引く場合にはすべて同じ書式の直線を引くことができます。

10 年間行事予定表

▶▶▶ 作例のアレンジのしかた

祝祭日に色を付けたい

■ 祝祭日に色を付ける

1 「祝祭日一覧」シートを確認する

「祝祭日一覧」シートのシート見出しをクリックし❶、平成29年の祝祭日一覧を確認します。祝祭日一覧表は平成29年以降も使用できるように、大きめに作成しています。

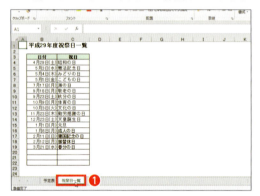

2 条件付き書式を設定するセルを選択する

［ホーム］タブの［編集］グループの［検索と選択］をクリックし❶、［条件付き書式］をクリックします❷。すでに条件付き書式が設定されているセルが範囲選択されます。

3 新しいルールを入力する

［ホーム］タブの［スタイル］グループの［条件付き書式］をクリックし❶、［新しいルール］をクリックします❷。［新しい書式ルール］ダイアログボックスが表示されます。

4 ルールの種類を選択する

［ルールの種類を選択してください］欄で［数式を使用して、書式を設定するセルを決定］をクリックします❶。

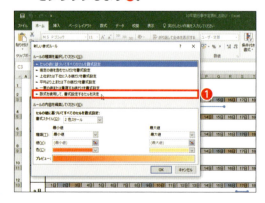

5 塗りつぶしの色を設定する

［次の数式を満たす場合に値を書式設定］欄に「=countif(」と入力し❶、🔲をクリックします❷。

6 シートを切り替える

「祝祭日一覧」シートのシート見出しをクリックします❶。［新しい書式ルール］ダイアログボックスに入力した数式が「=countif(祝祭日一覧!」に変わります。

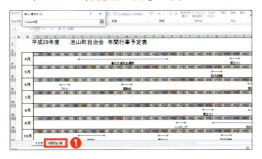

7 表をドラッグで選択する

セル［B4］からセル［C22］までをドラッグして選択し❶、🔲をクリックします❷。

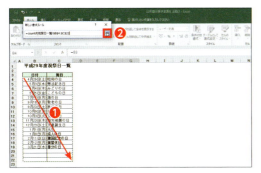

8 残りの数式を入力する

「=countif(祝祭日一覧!$B$4:$C$22」の後ろに続けて「,C3)>0」と入力し❶、［書式］をクリックします❷。

9 塗りつぶしの色を選択する

［塗りつぶし］タブをクリックし❶、［背景色］の「オレンジ、アクセント2、白+基本色60%」をクリックして選択し❷、［OK］をクリックします❸。

10 ［新しい書式ルール］ダイアログボックスを閉じる

指定した色が［プレビュー］欄に表示されているのを確認し、［OK］をクリックします❶。「祝祭日一覧」シートに記入されていた日に塗りつぶしが設定されます。

予定表を配布したい

■ PDF形式で保存する

1 エクスポートを選択する

［ファイル］タブの［エクスポート］をクリックします❶。

2 PDFファイルを作成する

［PDF/XPS ドキュメントの作成］をクリックし❶、［PDF/XPSの作成］をクリックします❷。［PDFまたはXPS形式で発行］ダイアログボックスが表示されます。

3 PDFファイルを発行する

ファイルの保存先をクリックして選択し❶、［ファイル名］欄に「10年間行事予定表B_完成」と入力して❷、［発行］をクリックします❸。発行したPDFファイルが表示されます。

4 PDFファイルを閉じる

画面の右上に表示されている×をクリックして❶、PDFファイルを閉じます。操作していたExcelのファイルが表示されます。

👉 ワンポイント

PDFファイルにする部分を選択する

［PDFまたはXPS形式で発行］ダイアログボックスの［オプション］ボタンをクリックすると、［オプション］ダイアログボックスが表示され、PDFファイルとして発行する対象を［選択した部分］［ブック全体］［選択したシート］の3種類から選択することができます。

PDFファイルをメールで送信する

1 共有を選択する

[ファイル]タブの[共有]をクリックします❶。

2 PDFとして送信を選択する

[電子メール]をクリックし❶、[PDFとして送信]をクリックします❷。メールソフト(ここではOutlook)のメッセージ作成ウィンドウが表示されます。

3 宛先を表示する

[宛先]をクリックして、送信先のアドレスを入力します。

4 メッセージを送信する

[件名]をクリックして入力し直し❶、本文を入力して❷[送信]をクリックします❸。

> ### ワンポイント
>
> **Excelファイルをそのまま添付して送る方法**
>
> Excelで作成した予定表は、配布先でも変更できるようにする場合、Excelファイルのままメールに添付して送ることも可能です。
> [ファイル]タブの[共有]をクリックし、[電子メール]の[添付ファイルとして送信]をクリックします。Outlookのメッセージ作成ウィンドウが表示されるので、宛先と本文を入力して[送信]をクリックします。
>
>

11 自治会組織図

図形を上手に使った組織図

| 完成ファイル | 11自治会組織図A_完成.xlsx |
| お助けファイル | 11自治会組織図A_お助け.xlsx |

「SmartArtグラフィック」を使って、「自治会組織図」を作成しましょう。ここでは、SmartArtの作成やスタイルの変更方法を解説します。

1 SmartArtを作成する →153ページへ

2 文字を入力する →157ページへ

3 SmartArtのデザインを変更する →158ページへ

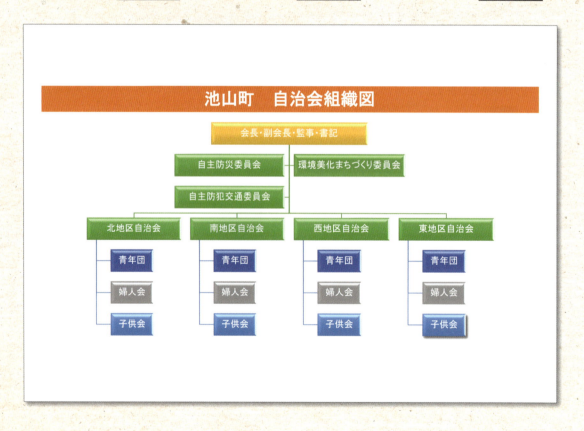

1 SmartArtを作成する

01 作業用のファイルを開く

「11自治会組織図A_お助け.xlsx」を開きます。このファイルの「組織図」シートでは、1行目にタイトルのみ入力済みで、A4横で印刷できるように設定されています。

02 [SmartArt] を挿入する

[挿入] タブの [図] グループの [SmartArtグラフィックの挿入] をクリックします❶。[SmartArtグラフィックの選択] ダイアログボックスが表示されます。

03 [組織図] を選択する

[階層構造] をクリックし❶、[組織図] をクリックして❷、[OK] をクリックします❸。SmartArtがワークシート上に挿入されます。

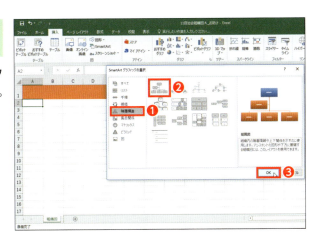

04 1階層目の下にアシスタントの図形を追加する

1階層目の図形をクリックし❶、[SmartArtツール]の[デザイン]タブの[グラフィックの作成]グループの[図形の追加]の▼をクリックして❷、[アシスタントの追加]をクリックします❸。1階層目の下に図形が追加されるので❹、同様の操作でもうひとつ図形を追加します。

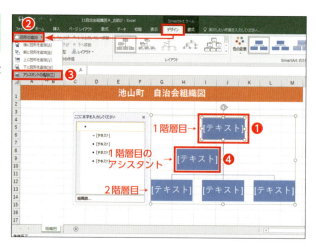

05 2階層目に図形を追加する

1階層目の図形をクリックし❶、[SmartArtツール]の[デザイン]タブの[グラフィックの作成]グループの[図形の追加]の▼をクリックして❷、[下に図形を追加]をクリックします❸。2階層目に図形が追加されます❹。

06 2階層目の下に図形を追加する

2階層目の左端の図形をクリックし❶、[SmartArtツール]の[デザイン]タブの[グラフィックの作成]グループの[図形の追加]の▼をクリックして❷、[下に図形を追加]をクリックします❸。3階層目に図形が追加されます❹。

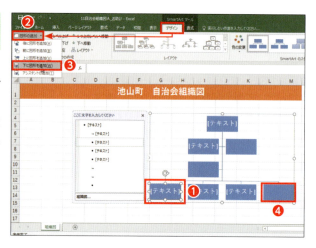

| 07 | 残りの2階層目の下にも図形を追加する |

2階層目の左端から2番目の図形をクリックして選択し❶、[SmartArtツール]の[デザイン]タブの[グラフィックの作成]グループの[図形の追加]の▼をクリックして❷、[下に図形を追加]をクリックします❸。3階層目に図形が追加されます。同様の操作で残りの2階層目の下に図形を追加します。

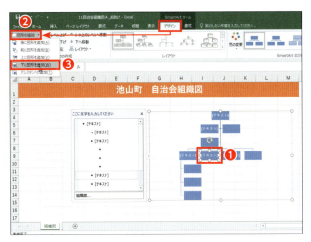

| 08 | SmartArtの大きさを変更する① |

SmartArtの左上端のハンドルを[A3]セルのあたりまでドラッグし❶、SmartArtを拡大します。

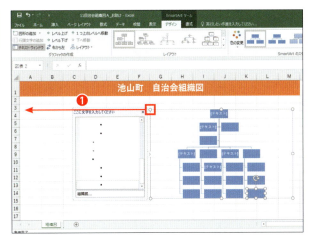

| 09 | SmartArtの大きさを変更する② |

SmartArtの右下端のハンドルを[M24]セルのあたりまでドラッグし❶、SmartArtを拡大します。

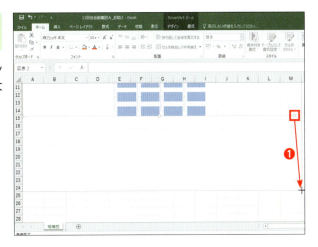

10 1階層目の図形のサイズを変更する

1階層目の図形の枠線をクリックして図形を選択し❶、右端のハンドルを適当な位置までドラッグします❷。1階層目の図形が横に大きくなります。

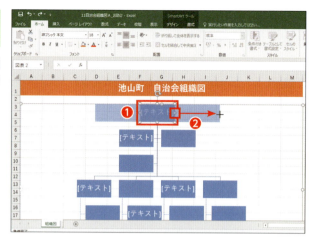

11 1階層目のアシスタントの図形のサイズを変更する

1階層目の下に表示されているアシスタントの図形をクリックし❶、Shiftキーを押しながら、残りのふたつの図形をクリックして選択します❷。選択した中のひとつの図形の右端のハンドルを適当な位置までドラッグして❸、図形を横に大きくします。

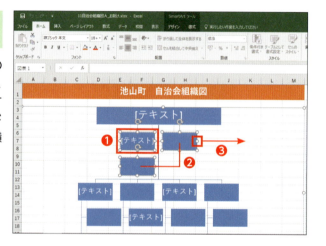

12 2階層目の図形のサイズを変更する

2階層目の図形をクリックし❶、Shiftキーを押しながら、残りの3つの図形をクリックして選択します❷。選択した中のひとつの図形の右端のハンドルを適当な位置までドラッグして❸、4つの図形を横に大きくします。

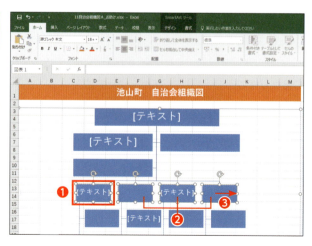

❷ 文字を入力する

01 フォントサイズを変更する

SmartArt全体のSmartArtの枠線をクリックしてSmartArt全体を選択します❶。［ホーム］タブの［フォント］グループの［フォントサイズ］の▼をクリックし❷、［12］をクリックします❸。SmartArt内のすべての図形の文字サイズが12ポイントに変更されます。

02 図形の文字列を入力する

1階層目の図形をクリックし❶、「会長・副会長・監事・書記」と入力します❷。

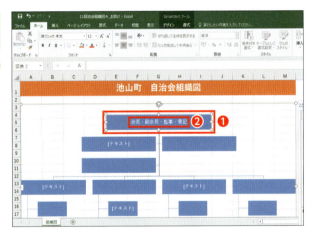

03 残りの図形に文字列を入力する

残りの図形をクリックし、必要な文字列を入力して組織図を完成させ❶、SmartArtの横に表示されている［テキストウィンドウ］の右上の［閉じる］をクリックして❷、［テキストウィンドウ］を閉じておきます。

③ SmartArtのデザインを変更する

01 SmartArtの色を変更する

SmartArtの外枠をクリックしてSmartArt全体を選択します❶。[SmartArtツール]の[デザイン]タブの[SmartArtスタイル]グループの[色の変更]の▼をクリックし❷、[カラフル]グループの[カラフル-アクセント5から6]をクリックします❸。SmartArtの色が変更されます。

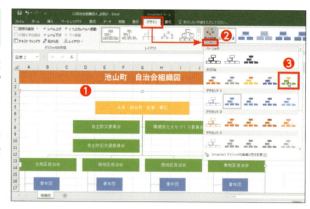

02 SmartArtのスタイルを変更する

[SmartArtツール]の[デザイン]タブの[SmartArtスタイル]グループの[SmartArtのスタイル]の[その他]をクリックします❶。

03 [立体グラデーション]を選択する

[3-D]グループの[立体グラデーション]をクリックします❶。SmartArtの図形が立体的に表示されます。

04 「青年団」の図形の色を変更する

「青年団」のひとつめの図形をクリックして選択し❶、Shiftキーを押しながら残りの図形をクリックして選択します❷。[SmartArtツール]の[書式]タブの[図形のスタイル]グループの[図形の塗りつぶし]の▼をクリックして❸、[青、アクセント5]をクリックします❹。選択した図形のみ、色が変更されます。

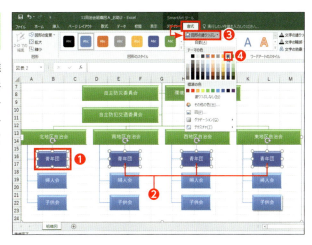

05 「婦人会」の図形の色を変更する

「婦人会」のひとつめの図形をクリックして選択し❶、Shiftキーを押しながら残りの図形をクリックして選択します❷。[SmartArtツール]の[書式]タブの[図形のスタイル]グループの[図形の塗りつぶし]の▼をクリックして❸、[50%灰色、アクセント3]をクリックします❹。

全体の配色を変更する

SmartArt全体の図形の配色を変更する場合には、[ページレイアウト]タブの[テーマ]の[配色]の▼をクリックして、希望の配色を選択します。

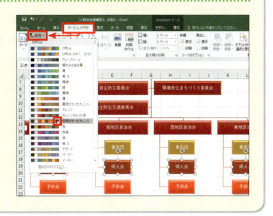

▶▶▶ 作例のアレンジのしかた

画像や図形を追加したい

■ SmartArtを図形に変換する

1 図形に変換する

SmartArtの外枠をクリックしてSmartArt全体を選択します❶。[SmartArtツール] の [デザイン] タブの [リセット] グループの [図形に変換] をクリックします❷。

2 図形に変換されたのを確認する

SmartArtがグループ化された図形に変換されます。回転ハンドルが表示され❶、[SmartArtツール] が [描画ツール] に変わります❷。

■ 画像を追加する

1 [画像] を選択する

セル [A2] をクリックして選択し❶、[挿入] タブの [図] グループの [画像] をクリックします❷。[図の挿入] ダイアログボックスが表示されます。

2 画像を選択する

画像を保存しているフォルダーを開いてから、挿入したい画像をクリックして選択し❶、[挿入] をクリックします❷。ワークシートに画像が挿入されます。

ワンポイント

画像のサイズを変更する

挿入された画像は、適当な大きさにサイズを変更して移動させます。

図形を追加する

1 図形を選択する

［挿入］タブの［図］グループの［図形］をクリックし❶、［四角形: 対角を切り取る］をクリックします❷。マウスポインターの形が＋に変わります。

2 図形を描画する

「青年団」の図形を囲むようにドラッグして図形を描画します❶。図形が最前面に表示されます。

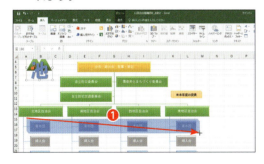

3 図形が追加されたのを確認する

描画した図形が最前面に表示されました❶。

> **ワンポイント**
>
> **描画せずに図形を追加する**
>
> ［挿入］タブの［図］グループの［図形］をクリックしてから、ドラッグせずにクリックすることで、図形を追加することもできます。
> 追加した四隅の○（ハンドル）をドラッグすることで、あとからサイズを調整することができます。

161

追加した図形を重ねる

1 図形を最背面に移動する

描画した図形を右クリックし❶、ショートカットメニューの［最背面へ移動］をクリックします❷。図形が組織図の背面に移動します。

2 図形のスタイルを変更する

［描画ツール］の［書式］タブの［図形のスタイル］グループの［その他］をクリックします❶。

3 図形のスタイルを選択する

［テーマのスタイル］グループの［パステル-ゴールド、アクセント４］をクリックします❶。

> **ワンポイント**
>
> **描画の順番を変更する**
>
> 複数の図形を描画すると、後で描画したものが上に重なるように表示されます。描画したあとで図形の重なる順番を変更するには、図形を右クリックしてショートカットメニューから［最前面へ移動］［前面へ移動］［最背面へ移動］［背面へ移動］を使って移動させます。
>
>

Part 2
書類作成に便利なテクニック

ここでは、書類をつくるときに便利なテクニックを、Q&A形式で紹介します。図形操作や段落の設定、画像の編集などの機能を覚え、効率的に見栄えのよい文書を作成しましょう。実際に操作して機能を試すことができるファイルも用意しています。

練習用ファイル　01.docx

Q01 1行の文字数や1ページの行数を設定したい

 用紙サイズや余白、本文の既定のフォントやフォントサイズを設定することにより、1行に設定できる文字数や1ページに設定できる行数の上限が決まります。

1 ［ページ設定］ダイアログボックスを開く

［レイアウト］タブの［ページ設定］グループの［ページ設定］をクリックします❶。

2 文字数と行数を指定する

［文字数と行数の指定］グループの［文字数と行数を指定する］を選択します❶。

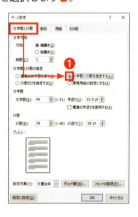

3 文字数と行数を設定する

［文字数］グループの［文字数］の▼をクリックして［30］に設定します❶。［行数］グループの［行数］の▼をクリックして［30］に設定します❷。［字送り］と［行送り］が自動的に変更されます❸。［OK］をクリックします❹。

4 文字数と行数が設定される

1行の文字数、1ページの行数が設定され、文字の間隔や行の間隔が調整されます❶。

ワンポイント

1行の文字数や1ページの行数を変更すると、文字送りや行送りも自動的に変更されます。なお、［標準の文字数を使う］を選択すると、文書内でフォントやフォントサイズを設定するたびに行送りが変更され、文書内の行送りは均等にはなりません。たとえば、フォントサイズを小さくすると、行送りも小さくなり行と行の間隔が狭くなります。

練習用ファイル　02.docx

段組みを設定したい

 新聞のように複数の段に分けてレイアウトすることを「段組み」といいます。段組みを設定すると、段組みの前後に自動的に「セクション区切り」という区切りが設定されます。

1 ｜ 2段組みにする

3行目から14行目を範囲選択し、[レイアウト] タブの [ページ設定] グループの [段の追加または削除] をクリックし❶、[2段] をクリックします❷。

2 ｜ 段組みの詳細を設定する

段組み内をクリックし❶、[レイアウト] タブの [ページ設定] グループの [段の追加または削除] をクリックし❷、[段組みの詳細設定] をクリックします❸。

3 ｜ 段と段の間に境界線を設定する

[段組み] ダイアログボックスの [境界線を引く] にチェックを付け❶、[OK] をクリックします❷。

4 ｜ 2段目の開始位置を設定する

16行目の1桁目をクリックし❶、[レイアウト] タブの [ページ設定] グループの [ページ／セクション区切りの挿入] をクリックして❷、[段区切り] をクリックします❸。

ワンポイント

[段組み] ダイアログボックスでは、段数や段の幅、段と段の間隔を指定することができます。なお、段組みを解除するには、段数を [1段] に設定します。また、4の手順のほかに、Ctrl キーと Shift キーを押しながら Enter キーを押しても段区切りを挿入できます。

165

練習用ファイル　03.docx

Q03 原稿用紙のマス目を設定したい

A 原稿用紙のマス目に合わせて自動的に文字送りが設定されます。縦書きも横書きも設定できます。

1 縦書きの400字詰めの原稿用紙に設定する

［レイアウト］タブの［原稿用紙］グループの［原稿用紙設定］をクリックし、［罫線］グループの［スタイル］で［マス目付き原稿用紙］をクリックし❷、［文字数×行数］で［20×20］をクリックします❸。［印刷の向き］の［横］をクリックし❹、［OK］をクリックします❺。

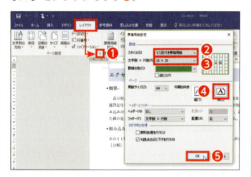

2 原稿用紙に設定される

縦書きの400字詰めの原稿用紙が設定されます❶。

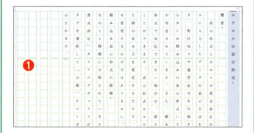

> **ワンポイント**
> 原稿用紙に設定すると、自動的に余白が調整されます。［ファイル］タブの［印刷］の［設定］には［ユーザー設定の余白］が設定されます。

練習用ファイル　04.docx

Q04 ページ罫線を設定したい

A 文書の周りを絵柄で囲むことで、ページ全体を華やかに飾ることができます。

1 用紙の余白部分に絵柄を設定する

［デザイン］タブの［ページの背景］グループの［罫線と網掛け］をクリックします。

2 絵柄と太さを設定する

［絵柄］をクリックして、任意の絵柄をクリックします❶。［線の太さ］の▼をクリックして［10pt］をクリックし❷、［OK］をクリックします❸。

> **ワンポイント**
> 用紙の周りを線で囲む場合は［線種とページ罫線と網かけの設定］ダイアログボックスの［種類］グループの［囲む］をクリックし、罫線の［種類］や［色］、［線の太さ］を設定します。

166

練習用ファイル　05.docx

Q05 統一感のあるデザインにしたい

A テーマを使用すると、統一感のある書式を一括で設定し、デザイン性の高い文書を作成できます。

1 テーマを選択する

[デザイン] タブの [ドキュメントの書式設定] グループの [テーマ] をクリックし❶、[パーセル] をクリックします❷。

2 テーマが設定される

本文のフォント❶や図形の色❷、ページ罫線の色が変更されます❸。

ワンポイント

テーマとは、フォント、配色、図形の視覚効果のそれぞれを組み合わせて登録したものです。Word2016には32種類のテーマが用意されており、既定のテーマは「Office」です。

練習用ファイル　06.docx

Q06 テーマの色を設定したい

A [フォントの色] や [塗りつぶしの色] などに表示される色パレットの配色を変更することができます。

1 テーマの色を変更する

[デザイン] タブの [ドキュメントの書式設定] グループの [テーマの色] をクリックし❶、[暖かみのある青] をクリックします❷。

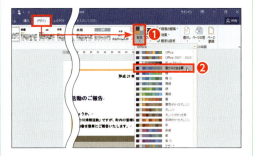

2 テーマの色が設定される

ページ罫線の色や図形の色が変更され❶、色パレットの配色が変更されます❷。

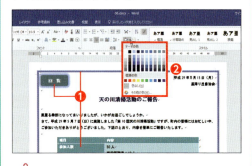

ワンポイント

テーマの色は、塗りつぶしの色などの色パレットのテキストの色・背景色・アクセント1から6、ハイパーリンクの色の12色がセットになっています。[配色] をクリックして、[色のカスタマイズ] で各色をカスタマイズすることもできます。

練習用ファイル　07.docx

Q07 オリジナルのテーマを作成したい

A テーマの色やテーマのフォント、テーマの効果をそれぞれ設定し、オリジナルのテーマとして名前を付けて保存することができます。保存したテーマは、[テーマ]の一覧から選択できます。

1 テーマのフォントを選択する

[ダマスク]のテーマが設定されている文書に[デザイン]タブの[ドキュメントの書式設定]グループの[テーマの色]をクリックし❶、[デザート]をクリックします❷。

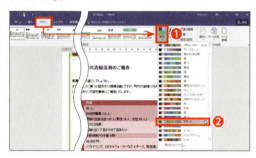

2 テーマを保存する

[デザイン]タブの[ドキュメントの書式設定]グループの[テーマ]をクリックし❶、[現在のテーマを保存]をクリックします❷。

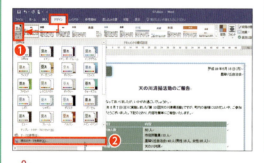

3 オリジナルのテーマに名前を設定する

[ファイル名]に「報告」と入力して❶、[保存]をクリックします❷。

4 テーマの適用

[デザイン]タブの[ドキュメントの書式設定]グループの[テーマ]をクリックすると、一覧の[ユーザー定義]に[報告]が表示されます❶。次回から[報告]をクリックすると、[ダマスク]のテーマのフォントや効果に[デザート]の配色を組み合わせた書式を設定できます。

> **ワンポイント**
> [現在のテーマを保存]ダイアログボックスの保存先のフォルダーを変更すると、[テーマ]をクリックしても[ユーザー定義]に名前が表示されません。なお、オリジナルのテーマを削除する場合は、[デザイン]タブの[ドキュメントの書式設定]グループの[テーマ]をクリックし、作成したテーマを右クリックして、[削除]をクリックします。

練習用ファイル　08.docx

Q08 まとめてコピーしたい

A 文字や図形をコピーすると一時的にクリップボードに最大24個まで保管されます。保管されたアイテムは、ひとつずつ貼り付けることも一度に貼り付けることもできます。

1 [クリップボード] 作業ウィンドウを表示する

[ホーム] タブの [クリップボード] グループの [クリップボード] をクリックします。

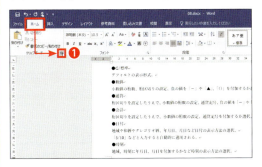

2 選択した範囲をコピーする

24行目の「●数値」を範囲選択し、[ホーム] タブの [クリップボード] グループの [コピー] をクリックします。同じ手順で26行目の「●通貨」をコピーし、28行目の「●会計」をコピーします。

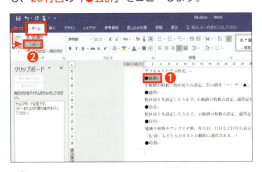

3 まとめて貼り付ける

[クリップボード] ウィンドウにコピーした部分が保管されます。18行目の1桁目をクリックし、[クリップボード] ウィンドウの [すべて貼り付け] をクリックします。

4 クリップボードの内容が貼り付く

クリップボードの内容が一度に貼り付きます。

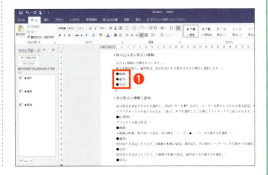

> **ワンポイント**
>
> [クリップボード] ウィンドウのアイテムをクリックすると、ひとつだけ貼り付けることができます。ポイントして表示される▼ボタンをクリックし、[削除] をクリックすれば選択したアイテムだけ削除でき、[すべてクリア] をクリックするとすべて削除できます。

練習用ファイル　09.docx

Q09 べき乗や化学式の数字を入力したい

A 上付き、下付きを設定します。

1 上付きにする

1行目10桁目の「2」を範囲選択し、[ホーム]タブの[フォント]グループの[上付き]をクリックします❷。

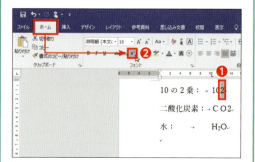

2 下付きにする

2行目10桁目の「2」を範囲選択し❶、[ホーム]タブの[フォント]グループの[下付き]をクリックします❷。

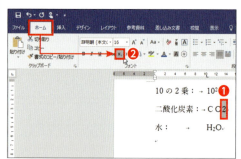

> **ワンポイント**
> キーボードから Ctrl キーと Shift キーを押しながら ＋ キーを押すと上付き、Ctrl キーと Shift キーを押しながら ＝ キーを押すと下付きに設定できます。

練習用ファイル　10.docx

Q10 ふりがなを表示したい

A 漢字にふりがなを表示することができます。選択した漢字の一文字単位や文字列全体にふりがなを表示できます。

1 ルビを設定する

2行目の「八月十五日」を範囲選択し、[ホーム]タブの[フォント]グループの[ルビ]をクリックし❷、[ルビ]ダイアログボックスの[文字列全体]をクリックします❸。

2 ふりがなや配置を訂正する

[ルビ]に「なかあき」と入力し❶、[OK]をクリックします❷。

> **ワンポイント**
> [ルビ]ダイアログボックスの[すべて適用]をクリックすると、文書内の同じ文字列にまとめてルビを振ることができます。ルビを解除するには、ルビを設定した文字列の先頭をクリックして[ルビ]ダイアログボックスを表示して[ルビの解除]をクリックします。

練習用ファイル　11.docx

Q11 ひらがなをカタカナに変換したい

A 範囲選択した部分のひらがなを、一括してカタカナに変換できます。

1 | 文字種を変換する

2行目から5行目を範囲選択し❶、[ホーム] タブの [フォント] グループの [文字種の変換] をクリックし❷、[カタカナ] をクリックします❸。

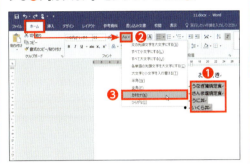

2 | ひらがながカタカナに変換される

範囲選択した部分のひらがなが、カタカナに変換されます❶。

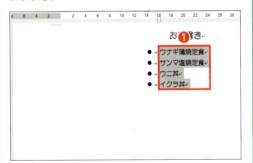

> **ワンポイント**
> ひらがなからカタカナに変換するほかに、アルファベットを小文字や大文字にしたり、大文字と小文字を入れ替えたりできます。アルファベットや数字、カタカナは半角や全角に変換することもできます。

練習用ファイル　12.docx

Q12 文字を置換したい

A 指定した文字を別の文字に置換できます。確認してから置換する方法と一括して置換する方法があります。

1 | 特定の文字を置換する

文頭をクリックし❶、[ホーム] タブの [編集] グループの [置換] をクリックします❷。

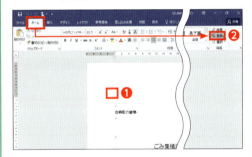

2 | 検索する文字列と置換後の文字列を入力する

[検索する文字列] に「ごみ」と入力し❶、[置換後の文字列] に「ゴミ」と入力して❷、[すべて置換] をクリックします❸。[OK] をクリックし❹、[検索と置換] ダイアログボックスの×をクリックします❺。

> **ワンポイント**
> [検索と置換] ダイアログボックスの [オプション] を使用すると、半角と全角を区別したり、書式を置換したりできます。

練習用ファイル　13.docx

Q13 書式をまとめて変更したい

A 文字に設定されている書式は、まとめて変更することができます。ここでは書式の置換を利用して太字に設定されている文字を、太字の設定は変更せずに赤色を設定します。

1 書式を置換する

文頭をクリックし❶、[ホーム] タブの [編集] グループの [置換] をクリックします❷。[オプション] をクリックし❸、[検索する文字列] の欄をクリックして [書式] をクリックし、[フォント] をクリックします❹。

2 変更前の書式を設定する

[検索する文字] ダイアログボックスの [フォント] タブをクリックし [スタイル] の [太字] をクリックして❶、[OK] をクリックします❷。

3 置換後の書式を設定する

[置換後の文字列] の欄をクリックし❶、[書式] をクリックします❷。[置換後の文字] ダイアログボックスの [フォント] タブの [スタイル] の [太字] をクリックして❸、[フォントの色] の [赤] をクリックし❹、[OK] をクリックします❺。

4 書式が置換される

[検索と置換] ダイアログボックスの [すべて置換] をクリックすると、書式が置換されます❶。

> **ワンポイント**
> 検索や置換を実行すると、検索したり置換したりした文字やオプションの設定がWordを終了するまで履歴として残ります。指定した書式を削除する場合は、[検索する文字列] や [置換する文字列] をクリックして [書式の削除] をクリックします。

練習用ファイル　なし

Q14 あいさつ文と結び言葉を挿入したい

A 時候や安否のあいさつ文をかんたんに入力することができます。また、話題を転換するときの言葉や文章の最後の言葉を設定できます。

1 あいさつ文を挿入する

［挿入］タブの［テキスト］グループの［あいさつ文の挿入］をクリックし❶、［あいさつ文の挿入］をクリックします❷。

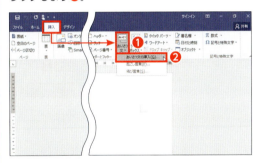

2 月、安否と感謝のあいさつを選択する

［10］月❶、［仲秋の候］❷、任意の安否のあいさつ❸、感謝のあいさつ❹をそれぞれクリックして、［OK］をクリックします❺。

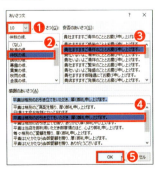

3 結び言葉を挿入する

［挿入］タブの［テキスト］グループの［あいさつ文の挿入］をクリックし❶、［結び言葉］をクリックします❷。

4 結び言葉を直接作成する

［結び言葉］ダイアログボックスが表示されるので［挿入する結び言葉］に「お手数をおかけしますが、なにとぞよろしくお願いいたします。」と入力し❶、［OK］をクリックします❷。

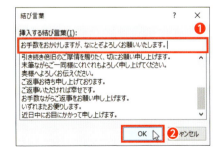

> **ワンポイント**
>
> ［あいさつ文］、［結び言葉］のほかに、話題を変えることを表す［起こし言葉］も用意されています。［結び言葉］だけではなく、［あいさつ文］、［起こし言葉］のそれぞれのダイアログボックスで、独自に語句を作成して次回から選択することができます。なお、独自に作成した語句を削除するには、一覧からクリックして Delete キーで削除します。

練習用ファイル 15.docx

Q15 書式付きのテキストボックスを挿入したい

A 本文と重ならないように、書式が設定されたテキストボックスを挿入できます。

1 サイドバーを挿入する

［挿入］タブの［テキスト］グループの［テキストボックスの選択］をクリックし、［ファセット－サイドバー（右）］をクリックします❷。

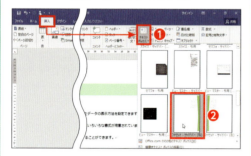

2 サイドバーに入力する

サイドバーが挿入され、［サイドバーのタイトル］が範囲選択されるので❶、「分類」と入力します❷。

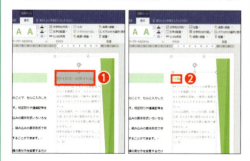

> **ワンポイント**
> サイドバーは、テキストボックスと図形を組み合わせた文書パーツです。サイドバーの外側の枠線をクリックして Delete キーを押すと削除できます。サイドバーのほかにも、「引用」など文書のレイアウトに役立つスタイルが用意されています。

練習用ファイル 16.docx

Q16 ドロップキャップを設定したい

A ドロップキャップとは、段落の先頭文字を数行分の高さにする書式です。既定の高さは、3行分です。

1 ドロップキャップを選択する

ドロップキャップを設定する段落をクリックし、［挿入］タブの［テキスト］グループの［ドロップキャップの追加］をクリックして❷、［本文内に表示］をクリックします❸。

2 ドロップキャップの高さを変更する

ドロップキャップを設定した段落をクリックし、［挿入］タブの［テキスト］グループの［ドロップキャップの追加］をクリックして、［ドロップキャップのオプション］をクリックします。［ドロップする行数］の▼をクリックして［2］と設定し❶、［OK］をクリックします❷。

練習用ファイル　なし

Q17 書式付きの表を挿入したい

A クイック表には、カレンダーやマトリックスなど書式が設定されたテンプレートが用意されています。挿入したクイック表は、通常の表と同じようにセル内の文字を配置したり、フォントサイズを変更したりできます。

1 カレンダーを挿入する

[挿入] タブの [表] グループの [表の追加] をクリックし❶、[クイック表作成] にマウスポインターを合わせ [カレンダー1] をクリックします❷。

2 日付を修正する

1行目を「2017年5月」に修正し❶、3行目から8行目を選択し Delete キーで削除します。3行目から7行目を選択し❷、[ホーム] タブの [段落] グループの [段落番号] の▼をクリックして、[番号の整列：左] をクリックします❸。

3 段落番号を修正する

3行目から7行目を選択し❶、[ホーム] タブの [段落] グループの [アウトライン] をクリックして [新しいアウトラインの定義] をクリックします❷。

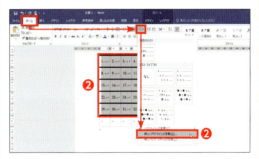

4 段落番号のピリオドを削除

[番号書式] のピリオドを削除し❶、[オプション] をクリックします❷。[番号に続く空白の扱い] をクリックし [なし] にして❸、[OK] をクリックします❹。

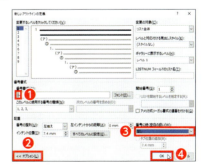

> **ワンポイント**
> 作成した表を [クイック表作成] の [選択範囲をクイック表ギャラリーに保存] で保存してテンプレートとして使用できます。

練習用ファイル　なし

Q18 Excelの機能が使える表を挿入したい

A 文書ファイルに新規のExcelワークシートを挿入し、計算式やグラフなどのExcelの機能を利用することができます。挿入したワークシートは、Word上でトリミングして不要な部分をカットできます。

1 Excelワークシートを挿入する

［挿入］タブの［表］グループの［表の追加］をクリックし❶、［Excelワークシート］をクリックします❷。

2 Excelの機能を利用して合計を求める

Excelのワークシートが挿入され❶、Excelのリボンが表示されます❷。各セルにデータを入力します❸。［B2：E5］のセル範囲を選択し❹、［ホーム］タブの［編集］グループの［合計］をクリックします❺。

3 Excelの機能を利用して罫線を設定する

［A1：E5］のセル範囲を選択し❶、［ホーム］タブの［フォント］グループの［下罫線］の▼をクリックし❷、［格子］をクリックします❸。

4 Wordの編集に戻して表をトリミングする

ワークシート以外をクリックし❶、挿入したワークシート上で右クリックして［トリミング］をクリックします❷。トリミングハンドルをドラッグしてサイズを調整します❸。

> 👉 **ワンポイント**
> Wordの編集に戻したあとに、もう一度Excelの機能を使用してワークシートを編集する場合は、挿入したワークシートを右クリックして［Worksheetオブジェクト］にマウスポインターを合わせ、［編集］をクリックします。

練習用ファイル　19.docx

Q19 グリッドを表示して図形をきれいに並べたい

A グリッド線は、文書の背景に水平方向と垂直方向に表示される直線のことで、水平、垂直の一方向だけ表示するだけでなく両方向表示することもできます。

1 グリッド線を表示する

[レイアウト]タブの[配置]グループの[オブジェクトの配置]をクリックし❶、[グリッドの設定]をクリックします❷。

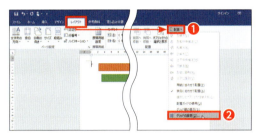

2 グリッド線の間隔を設定する

[グリッドの表示]グループの[グリッド線を表示する]と[文字グリッド線を表示する間隔]にチェックを付け❶、[文字グリッド線を表示する間隔][行グリッド線を表示する間隔]の▼をクリックして[1]に設定し❷、[OK]をクリックします❸。

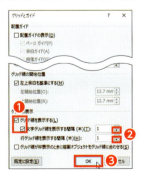

3 図形を作成する

[挿入]タブの[図]グループの[図形の作成]をクリックし、[正方形/長方形]をクリックして文書中をドラッグすると、グリッド線に沿って描画できます❶。

4 図形を移動する

作成済みの図形をドラッグすると、図形の外枠をグリッド線に沿って配置できます❶。

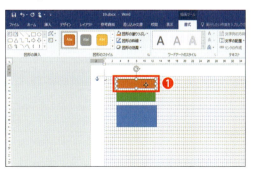

ワンポイント

[グリッドとガイド]ダイアログボックスの[グリッド線が非表示のときに描画オブジェクトをグリッド線に合わせる]にチェックを付けると、グリッド線が表示されていなくてもグリッド線に沿って図形が配置されます。

練習用ファイル　20.docx

図形を拡大／縮小したい

図形の［サイズハンドル］をドラッグして自由に拡大／縮小できますが、数値やパーセンテージを指定してサイズを設定し、拡大／縮小することもできます。

1 数値を指定してサイズ変更する

作成済みの図形をクリックし❶、［描画ツール］の［書式］タブの［サイズグループ］から［図形の幅］に半角で「52」と入力します❷。

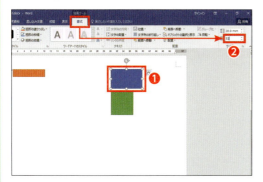

2 縦横比を固定してサイズ変更する

作成済みの図形をクリックし❶、［描画ツール］の［書式］タブの［サイズ］グループから［レイアウトの詳細設定：サイズ］をクリックします❷。［倍率］グループの［高さ］に半角で「50」と入力し❸、［縦横比を固定する］のチェックを付けて❹、［OK］をクリックします❺。

3 本文領域に相対してサイズを変更する

図形を選択し❶、［描画ツール］の［書式］タブの［サイズ］グループから［レイアウトの詳細設定：サイズ］をクリックします❷。［幅］グループの［相対］を選択して❸、半角で「50」と入力し❹、［基準］の［∨］をクリックして［余白］を選択し❺、［OK］をクリックします❻。

4 サイズが変更される

図形の幅が52mm、元のサイズの30％、本文領域に対して50％に図形のサイズが変更されます❶。

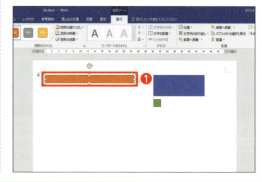

練習用ファイル　21.docx

図形にグラデーションを設定したい

 単色の濃淡や2色以上を組み合わせてグラデーションを設定できます。また、色の境目の位置を変更したり、分岐点を追加したり削除したりできます。

1 グラデーションの分岐点の色を設定する

図形をクリックし❶、［描画ツール］の［書式］タブの［図形のスタイル］グループから［図形の書式設定］をクリックします❷。［塗りつぶし］をクリックして❸、［グラデーションの分岐点］の中央の分岐点をクリックし❹、［色］をクリックして［オレンジ］をクリックします❺。

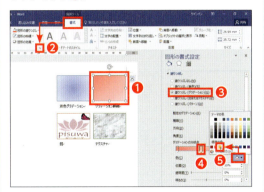

2 分岐点の位置を変更し分岐点を追加する

［位置］の▼をクリックして［30%］に設定し❶、［グラデーションの分岐点を追加します］をクリックします❷。

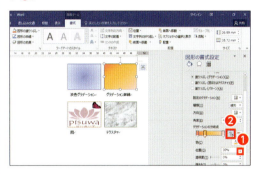

3 グラデーションが設定される

［グラデーションの分岐点］に追加された分岐点をクリックし❶、［色］をクリックして［黄］をクリックします❷。

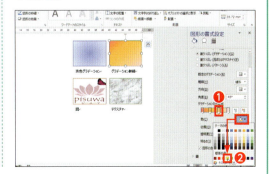

> **ワンポイント**
> ［グラデーションの分岐点］から［分岐点］をクリックして［グラデーションの分岐点を削除します］をクリックすると、分岐点を削除できます。

練習用ファイル　22.xlsx

Q22 1行上のデータをコピーしたい

A 1行上のデータをひとつだけコピーしたい場合には、下方向へコピーするショートカットキーを使います。

1 下方向にコピーする

1行上のデータをコピーしたいセルをクリックして選択し❶、Ctrlキーを押しながら、Dキーを押します。

2 1行上のデータがコピーされる

1行上に入力されているデータがコピーされます❶。

> **ワンポイント**
> 1行上のデータを下方向へコピーする場合は、Ctrlキー＋Dキーですが、1列左のデータを右方向にコピーする場合は、Ctrlキー＋Rキーを使います。

練習用ファイル　23.xlsx

Q23 入力済みのデータをリストから選択したい

A 同じ列に入力済みのデータは、Altキーを押しながら↓キーを押すことでリスト表示することができます。

1 リストを表示する

リストからデータを入力したいセルをクリックして選択し❶、Altキーを押しながら↓キーを押します。選択したセルの下にリストが表示されます。

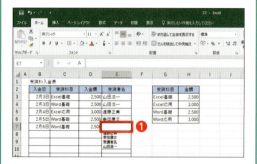

2 入力したいデータを選択する

表示されたリストの中から入力したいデータをクリックします❶。

> **ワンポイント**
> Altキー＋↓キーを押すと、選択したセルの列内に入力されている文字列を50音順にリスト表示します。2行目に入力されている列の見出し、「受講者名」も表示されます。

練習用ファイル　24.xlsx

Q24 新しいシートを追加／不要なシートを削除したい

A ファイルを新規作成するとシートは1枚だけ表示されますが、シートの枚数はあとから増やしたり減らしたりすることができます。シート枚数の上限は、使用しているパソコンの性能によって変わります。

1 新しいシートを挿入する

シート見出しの右に表示されている⊕をクリックします❶。

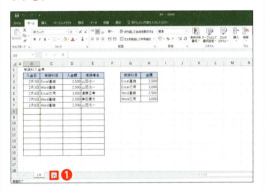

2 新しいシートが挿入される

選択していたシートの右に新しいシートが1枚挿入され、シート見出しには［Sheet1］と表示されます❶。

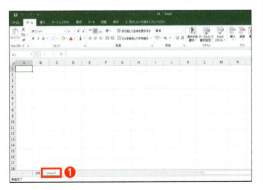

3 ショートカットメニューを表示する

削除したいシートの見出しを右クリックし❶、ショートカットメニューの［削除］をクリックします❷。警告メッセージが表示されます。

4 削除を実行する

［このシートは完全に削除されます。続けますか？］とメッセージが表示されるので［削除］をクリックします❶。選択していたシートが削除されます。

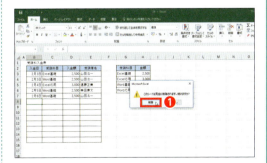

> **ワンポイント**
> シートにデータが入力されていない場合には、シート削除を選択したあとにメッセージが表示されずに削除されます。また、ブックの中にシートが1枚しかない場合には、シートを削除することはできません。

練習用ファイル　25.xlsx

Q25 シートに名前を付けたい

A シート名は既定で「Sheet1」のように「Sheet＋連番」になっています。表の内容がわかる見出しに変更します。

1 シート見出しをダブルクリックする

名前を変えたいシートのシート見出しをダブルクリックします❶。

2 シート名を入力する

「3月」とシート名を入力し❶、[Enter]キーを押して確定します。

> **ワンポイント**
> 作成したシートを移動するには、シート見出しを移動先の位置までドラッグします。また、[Ctrl]キーを押しながらシート見出しをドラッグすると、シートをコピーすることもできます。

練習用ファイル　26.xlsx

Q26 シート見出しに色を付けたい

A シート見出しには色を付けることができます。関連するシートごとや、大事なシートに色を付けて整理します。

1 シートの色を選択する

色を付けたいシートのシート見出しを右クリックし❶、ショートカットメニューの［シート見出しの色］にマウスポインターを合わせ、［赤］をクリックします❷。シート見出しに淡い色が付きます。

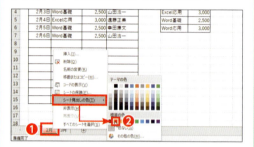

2 シート見出しの色を確認する

表示されているシートと別のシート見出しをクリックします❶。シート見出しの色が変わっていることを確認することができます。

> **ワンポイント**
> 選択しているシートの見出しの色は、淡い色のグラデーションで表示されています。別のシートを表示することによって設定した色を確認することができます。

練習用ファイル　27.xlsx

Q27 長い文章を下のセルに割り付けたい

A セル内に入力した長い文字列を、列幅に合わせて下のセルに割り付けることができます。

1 ［文字の割付］を選択する

長い文字列が入力されているセルをクリックして選択し❶、［ホーム］タブの［編集］グループの［フィル］をクリックして❷、［文字の割付］をクリックします❸。［選択範囲の下のセルに上書きします。よろしいですか？］とメッセージが表示されるので［OK］をクリックします❹。

2 文字列が下のセルに貼り付けられる

列幅に合わせて文字列が下のセルに貼り付けられます❶。

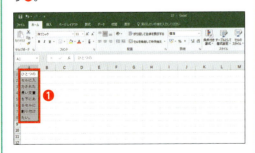

> **ワンポイント**
> スペースやカンマなどで区切られたデータを隣のセルに割り付けるには、［データ］タブの［データツール］グループの［区切り位置］を使います。

練習用ファイル　28.xlsx

Q28 規則性のあるデータをかんたんに入力したい

A フラッシュフィル機能を使えば瞬時にデータを入力できます。

1 ［フラッシュフィル］を選択する

自動的に入力したい先頭のセルをクリックして選択し❶、［ホーム］タブの［編集］グループの［フィル］をクリックし❷、［フラッシュフィル］をクリックします❸。

2 自動的にデータが入力される

入力されているデータの規則性を瞬時に判断して、残りのセルにデータが入力されます❶。

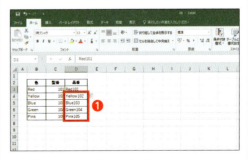

> **ワンポイント**
> 規則性のあるデータを入力していると、自動でフラッシュフィルが発動する場合があります。その場合は、Enter キーで実行でき Esc キーでキャンセルすることが可能です。

練習用ファイル　29.xlsx

表のデータを元にグラフを作成したい

データの範囲と、描画するグラフの種類を選択するだけでかんたんにグラフを作成することができます。

1 グラフの種類を選択する

グラフ化したい部分をドラッグして選択し❶、[挿入] タブの [グラフ] グループの [縦棒/横棒グラフの挿入] をクリックして❷、[2-D縦棒] の [集合縦棒] をクリックします❸。ウィンドウの中央にグラフが描画されます。

2 グラフのサイズを変更する

グラフの右下のハンドルにマウスポインターを合わせ❶、マウスの形状が に変わったら左上にドラッグしてグラフのサイズを変更します❷。

3 グラフを移動する

グラフ上の何も表示されていない部分にマウスポインターを合わせ❶、形状が に変わったら、表に重ならないように左下にドラッグします。

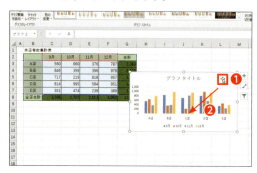

4 グラフタイトルを入力する

[グラフタイトル] をクリックし、「店舗別集計表」と入力して Enter キーを押し❶、グラフのタイトルを入力します。

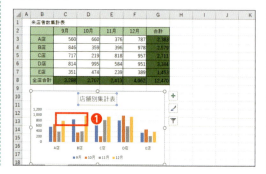

> **ワンポイント**
> 作成したグラフを選択すると、[グラフツール] に [デザイン] タブと [書式] タブが表示されます。グラフの詳細を変更したい場合には、[デザイン] タブと [書式] タブにある各ボタンを使用します。

練習用ファイル　30.xlsx

Q30 セルの中にグラフを作成したい

A スパークラインを使えば、セルの中に小さなグラフを表示することができます。

1 折れ線を選択する

スパークラインを描画したいセル範囲をドラッグして選択し❶、[挿入] タブの [スパークライン] グループから [折れ線] をクリックします❷。[スパークラインの作成] ダイアログボックスが表示されます。

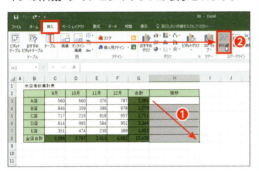

2 データ範囲を選択する

スパークラインとして描画したいデータ範囲をドラッグして選択し❶、[OK] をクリックします❷。

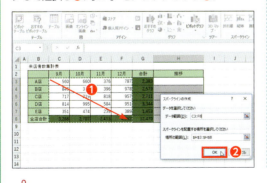

3 折れ線にマーカーを付ける

[スパークラインツール] が表示されるので❶、[デザイン] タブの [表示] グループの [マーカー] をクリックしてチェックを付けます❷。

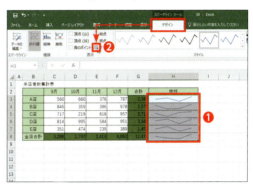

4 マーカーが表示される

マーカーが付き、データ部分が強調表示されます❶。

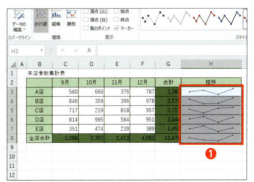

> **ワンポイント**
> スパークラインには、折れ線、縦棒、勝敗の3種類があります。推移を表現するには折れ線、大きさを比べるには縦棒、プラスとマイナスを表現するには勝敗と、データによって描画するスパークラインの種類を選択しましょう。

練習用ファイル　31.xlsx

優先順位を付けてデータを並べ替えたい

 ［並べ替え］ダイアログボックスを使用すると、並べ替えの基準となる列に優先順位を付けて、並べ替えのキーを複数指定することができます。

1 ［並べ替え］を選択する

表内の任意のセルをクリックして選択し❶、［データ］タブの［並べ替えとフィルター］グループの［並べ替え］をクリックします❷。

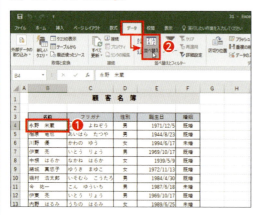

2 ［最優先されるキー］を指定する

［並べ替え］ダイアログボックスが表示されるので、［最優先されるキー］の▼をクリックし、［性別］をクリックします❶。

3 ［次に優先されるキー］を追加する

［並べ替えのキー］は［値］、［順序］は［昇順］のまま❶、［レベルの追加］をクリックします❷。［次に優先されるキー］欄が追加されるので、［次に優先されるキー］の▼をクリックし、［婚姻］を選択します❸。

4 並べ替えを実行する

［並べ替えのキー］は［値］、［順序］は［昇順］のまま❶、［OK］をクリックします❷。表内は［性別］の順に並べ替わり、同じ性別の中では［婚姻］の順に並べ替わります。

> **ワンポイント**
>
> ［並べ替え］ダイアログボックスでは、最大64個までキーを設定することができます。［並べ替え］ダイアログボックスを使用せずに複数のキーを指定して並べ替える場合には、優先順位の低いキーから順に、［昇順］や［降順］をクリックして並べ替えていきます。

練習用ファイル　32.xlsx

Q32 複雑な条件でデータを抽出したい

A 表をテーブルに変換しておくと、フィルターの機能を使って必要なデータをかんたんに抽出することができます。より複雑な条件を設定する場合には、検索条件用の表に条件を入力してデータを抽出します。

1 [詳細設定] を選択する

表の上に検索条件用の表を作成し、条件を入力しておきます❶。表の中の任意のセルを選択し❷、[データ] タブの [並べ替えとフィルター] グループの [詳細設定] をクリックします❸。

2 [フィルターオプションの設定] ダイアログボックスを確認する

[抽出先] は [選択範囲内] ❶、[リスト範囲] は [$B$7:$F$54] に設定されているのを確認します❷。

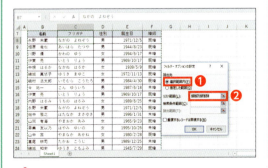

3 [検索条件範囲] を設定する

[検索条件範囲] のテキストボックスをクリックし❶、検索条件用の表をドラッグして選択し❷、[OK] をクリックします❸。

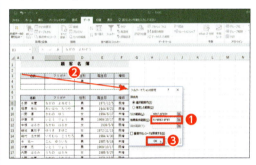

4 フィルターが実行される

ウィンドウの下に表示されているステータスバーには [47レコード中44個が見つかりました] と表示され❶、行番号が青色に変わります❷。

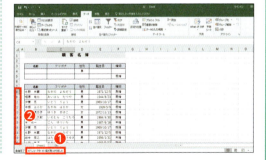

> **ワンポイント**
>
> 入力する検索条件は、同じ行に入力するとAND条件（〜で、しかも〜）となり、違う行に入力するとOR条件（〜か、もしくは〜）となります。フィルターを解除して全データを表示する場合は、[データ] タブの [並べ替えとフィルター] グループの [クリア] をクリックします。

Q33 重複したデータを非表示にしたい

A 名簿などを作成する場合、件数が多いほど重複するデータを探すのは大変ですが、Excelには重複するデータを瞬時に見つける機能があります。

1 ［詳細設定］を選択する

表の中の任意のセルをクリックして選択し❶、［データ］タブの［並べ替えとフィルター］グループの［詳細設定］をクリックします❷。［フィルターオプションの設定］ダイアログボックスが表示されます。

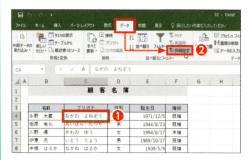

2 重複するレコードは無視する

［重複するレコードは無視する］をクリックしてチェックを付け❶、［OK］をクリックします❷。重複したデータは1件目のみ表示し、2件目以降は非表示になります。

ワンポイント
ここでは、1件分のデータが全く同じものに関して重複データとみなされます。

Q34 重複したデータだけを削除したい

A 複数ある項目の中から、選択した項目に含まれるデータが一致したものだけをレコードごと削除することができます。表から完全に削除してしまうので、操作には注意が必要です。

1 ［重複の削除］を選択する

表の中の任意のセルをクリックして選択し❶、［データ］タブの［データツール］グループの［重複の削除］をクリックします❷。［重複の削除］ダイアログボックスが表示されます。

2 削除を実行する

［すべて選択］が選択されているのを確認し❶、［OK］をクリックします❷。確認メッセージが表示されるので［OK］をクリックします❸。重複したデータが完全に削除されます。

ワンポイント
［重複の削除］ダイアログボックスでは、重複するデータの項目を選択することができます。［すべて選択］が選択されていると、完全に一致したデータが対象となります。

練習用ファイル　35.xlsx

Q35 画面の写真を貼り付けたい

A スクリーンショット（ウィンドウ内に表示されている画面の写真）をExcelのシート内に取り込むことができます。

1 挿入するウィンドウを選択する

画面の写真を挿入したい位置の左上のセルをクリックして選択します❶。[挿入]タブの[図]グループの[スクリーンショットをとる]をクリックし❷、写真を撮りたいウィンドウをクリックします❸。

2 指定した領域の写真を挿入する

画面の写真を挿入したい位置の左上のセルをクリックして選択します❶。[挿入]タブの[図]グループの[スクリーンショットをとる]をクリックし❷、[画面の領域]をクリックします❸。

3 写真を撮る範囲を選択する

写真を撮りたい範囲をドラッグして選択します❶。

4 指定した位置に挿入される

選択していたセルを左上にして画像が挿入されます❶。

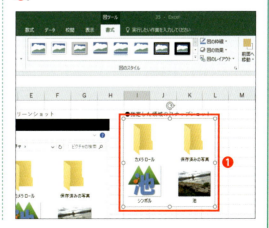

🖐 ワンポイント

Wordでも同様の操作で画面の写真を取り込むことができます。ウィンドウ全体の写真をスクリーンショット、ウィンドウの一部分の写真をスナップショットといいます。

189

索引 INDEX

アルファベット

CCライセンス	96
Excelワークシート	176
PDF	150,151
SmartArt	153,158,159,160
SUM関数	135

ア行

アート効果	103
あいさつ文	173
アプリ	34
イラスト	46,96,97,98
印刷	119
印刷プレビュー	111
インデント	61
エクスポート	150
オートSUM	135
オートフィル	125,133
オンライン画像	95

カ行

化学式の数字	170
囲い文字	71
飾り枠付きページ番号	79
箇条書き	54,62
画像の調整	97,99,103
記号	69,70
既定の線	147
行間	60
行数の設定	164
行頭文字	55,62,63
行の挿入	76
行の高さ	76,124
曲線	90,91
切り取り線	65,70
均等割り付け	59
グラフ	184,185
クリエイティブ・コモンズ・ライセンス	96
グリッド	177
グループ化	92
計算式の入力	133
罫線の設定	126
桁区切り形式	137
原稿用紙	166

サ行

差し込み印刷	117
差し込み文書	115
冊子	48
シート	148,149,181,182
視覚効果	102
写真	46,100,101,189
書式付きのテキストボックス	174
書式付きの表	175
書式の設定	81
書類作成の流れ	44
書類番号	79
新規文書の作成	36
数式	48,141,143,144
透かし	82,83
図形	40,46,161
図形の移動	42
図形の色	43
図形の拡大	178
図形のグラデーション	179
図形のサイズ	42,66,178
スタイル	57,107,108
セル	77,141
線	66,86,87,146
選択したデータの印刷	121

線路	90,92	ページ番号	79
		べき乗	170
		ヘッダー	80,81

タ行

建物	87,88
タブ	72
段組みの設定	165
段落の設定	61
段落番号	175
直線	65,66,85,86,146
通貨形式	137
データの絞り込み	121
データの抽出	129,187
データの並び替え	121,130
テーブル	116,128
テーマ	167,168
テキストボックス	67
テンプレート	138
道路	85,88
とじしろ	110,111
ドロップキャップ	174

ナ行

捺印	71
名札	115

ハ行

パスワードの設定	131
発行者の追加	80
発行日の追加	80
日付	80,136
表	75,76,78
ひらがな	171
フィールド	117
フォント	45,144
吹き出し	93
袋とじ	112
ふりがな	170
ページ罫線	166

マ行

曲がり角	90
右揃え	52
見開きページの設定	110
結び言葉	173
文字サイズ	51,68
文字の位置	72
文字の下線	56
文字の効果	58
文字の種類	68
文字の置換	171
文字の背景色	57

ヤ行

矢印	146
ユーザー定義の表示形式	137

ラ行

ラベル	117,119
レコードの選択	119
列の挿入	76
列の非表示	131
列幅の調整	123
連続した番号の挿入	55
連続データの作成	125
連続番号	125

ワ行

ワードアート	45,104
割り付け	183
和暦	136

著者紹介

伊東 知代子（いとうちよこ）

大阪府東大阪市生まれ。大阪市岸和田在住。龍谷大学経営学部経営学科卒業後、パソコンメーカーの教育部に就職。以来、パソコンインストラクターとして現在に至るが、2000年から執筆活動を始める。

山田 あゆみ（やまだあゆみ）

京都市生まれ。関西外国語短期大学卒業後、数々の事務職を経て、パソコンインストラクターに転身。現在、京都市内のパソコンスクールPC JUNGLEを経営する傍ら、2000年から執筆活動を始める。

■編集／CD-ROM作成
株式会社エディポック
■カバーデザイン
Kuwa Design
■本文デザイン／DTP
株式会社エディポック
■担当
渡邉健多

ああしたい！ こうしたい！
自治会・PTAの書類のつくり方
［Word／Excel対応版］

2017年3月10日　初版　第1刷発行

著　者	伊東　知代子　山田　あゆみ	
発行者	片岡　巌	
発行所	株式会社技術評論社	
	東京都新宿区市谷左内町21-13	
	電話　03-3513-6150　販売促進部	
	03-3513-6160　書籍編集部	
印刷／製本	日経印刷株式会社	

定価はカバーに表示してあります。

本書の一部または全部を著作権法の定める範囲を超え、無断で複写、複製、転載、テープ化、ファイルに落とすことを禁じます。

©2017　伊東知代子　山田あゆみ

造本には細心の注意を払っておりますが、万一、乱丁（ページの乱れ）、落丁（ページの抜け）がございましたら、小社販売促進部までお送りください。送料小社負担にてお取り替えいたします。

ISBN978-4-7741-8737-2　C3055
Printed in Japan

お問い合わせについて

本書に関するご質問については、本書に記載されている内容に関するもののみとさせていただきます。本書の内容と関係のないご質問につきましては、一切お答えできませんので、あらかじめご了承ください。また、電話でのご質問は受け付けておりませんので、必ずFAXか書面にて下記までお送りください。なお、ご質問の際には、必ず以下の項目を明記していただきますようお願いいたします。

1. お名前
2. 返信先の住所またはFAX番号
3. 書名
   （ああしたい！ こうしたい！　自治会・PTAの書類のつくり方［Word／Excel対応版］）
4. 本書の該当ページ
5. ご使用のOSとWordのバージョン
6. ご質問内容

お送りいただいたご質問には、できる限り迅速にお答えできるよう努力いたしておりますが、場合によってはお答えするまでに時間がかかることがあります。また、回答の期日をご指定なさっても、ご希望にお応えできるとは限りません。あらかじめご了承くださいますよう、お願いいたします。ご質問の際に記載いただいた個人情報はご質問の返答以外の目的以外には使用いたしません。また、返答後はすみやかに破棄させていただきます。

お問い合わせ先

〒162-0846
東京都新宿区市谷左内町21-13
株式会社技術評論社　書籍編集部
「ああしたい！ こうしたい！　自治会・PTAの書類のつくり方［Word／Excel対応版］」質問係
FAX番号　03-3513-6167
URL　　　http://book.gihyo.jp/

お問い合わせの例

FAX

1. お名前
   技評　太郎
2. 返信先の住所またはFAX番号
   03-XXXX-XXXX
3. 書名
   ああしたい！ こうしたい！　自治会・PTAの書類のつくり方
   ［Word／Excel対応版］
4. 本書の該当ページ
   70ページ
5. ご使用のOSとWordのバージョン
   Windows 10
   Word 2016
6. ご質問内容
   図形をコピーできない